U0010587

球蟒

飼養環境、餵食、繁殖、健康照護一本通！

柯蕾特 ‧ 蘇瑟蘭（Colette Sutherland）◎著

Monica Chen◎譯

晨星出版

目錄

第一章

自然史

許多人在購買爬蟲寵物前，對於牠們特定的棲地、習性、生理數據一無所知。學習簡單的爬蟲生態可以幫助我們理解其習性。認識爬蟲類的大小、長度、壽命和其他特性，幫助我們根據自己的情況選擇最適合的寵物。

分布與棲地

　　球蟒的棲地在非洲中西部。主要是非洲沿岸國家，以及延伸進入的少數內陸國家如查德、蘇丹、馬利與中非共和國。十分有趣的是球蟒的地理分布並未超過赤道進入南半球。

　　球蟒喜好草原與莽原作為棲地，偶爾也可以森林中發現其蹤跡。球蟒有時會住在草原的白蟻塚，或者更常在飽餐一頓後順勢住在鼠窩。窩裡面經常會有一隻以上的蟒蛇，但當雌球蟒下蛋後，雄球蟒便會主動離開。若該地域內缺乏良好的孵化場地，有時也可以發現一隻以上的雌球蟒在窩裡孵蛋。

球蟒原生於非洲莽原，南薩哈拉以及北赤道區域皆可發現其蹤跡。

球蟒棲息地

圖為球蟒（黑色）與近親安哥拉蟒（綠色）的自然分布區域。

　　球蟒貌似並不在意人類活動，常在農耕區出現。農地裡不虞匱乏的鼠類資源想當然耳對球蟒是一大誘因。

　　愈靠近赤道，日夜長短的分布就愈平均；由於球蟒的分布十分靠近赤道，日照變化在一年當中並無劇烈的變化。球蟒的棲地十分溫暖，有些地區的平均溫度可高達華氏 85 度（攝氏 29.4 度）。草原和莽原一年會經歷兩個季節—乾季與雨季。乾季通常從十一月至四月。球蟒蛋則會在食物充沛、高濕度的雨季初期孵化。乾季雖然不下雨，但濕度仍有可能高達 80%。

分類學之父

卡爾 · 林奈（Carl Linnaeus）於 1758 年設計了一套現代命名系統。在第十版《自然系統》（*Systema Naturae*）中，他將二名法標準化（每個物種有一屬名與一種小名），並使用分類系統將物種以相似程度分級。

野外採集

迦納、多哥、貝南等十二個沿岸國家均有球蟒的蹤跡，也是美國進口的來源大宗。專精此道的狩獵者每年會蒐集球蟒蛋，並安置在專門存放的機構直至孵化。一旦大量的幼蛇孵化，牠們就準備被運往各個不同國家。每年有數以千計的球蟒進入美國國土。不幸的是，每年也有許多成年蛇被運往美國，包含部分懷孕的雌蛇。過去紀錄顯示牠們在被捕後常適應不良，許多蛇會拒絕進食並慢慢死亡。相較之下，幼蛇通常適應良好，若後續人工飼養得宜，可存活數年不等。

分類學

分類學是科學家用以將生物依相似程度與親屬關係分類的系統。隨著科學與科技進步以及資訊量的增加，決定物種間關係的方法也持續變化。例如過去無法進行的 DNA 分析，現在已成為測定各物種間親疏關係的主要工具。早期分類蛇類的方法至今仍被沿用，譬如計算蛇鱗、骨骼結構，以及其他解剖特徵。這些方法有可能產生誤差。因為我們無從得知何種特徵較早出現，或者何種特徵對於定義親疏關係才真正具有重要性。DNA 分析的出現使分類變得更加準確。

人們為動物買賣而捕捉球蟒。

所有物種都有兩個名字：俗名與學名。俗名是為人熟悉並在日常生活當中使用的名字，例如狗、豹紋壁虎與球蟒。學名則以拉丁文，或者拉丁文化的其他語言書寫。多數早期的科學文獻都以拉丁文書寫，因此拉丁文也被用來命名物種。為延續各科學文獻與期刊的一致性，拉丁文的使用因而被延續至今。無論國籍或語言，一植物或動物的學名都將是相同的。

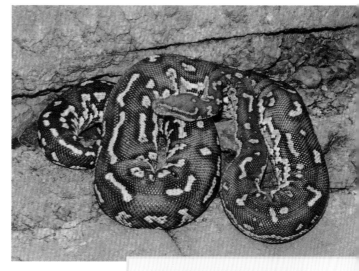

安哥拉蟒與球蟒的親屬關係最近，並小範圍地棲息在納米比亞與安哥拉。

球蟒屬於蟒科（Pythonidae），部分學者認為蟒科是蚺科的亞科。該科又再分為八個屬（屬為種之上的分類名稱）：侏儒蟒屬（澳洲侏儒蟒蛇）、盾蟒屬（黑頭蟒與沃瑪蟒）、環紋蟒屬（俾斯麥環紋蟒）、白吻蟒屬（白吻蟒）、岩蟒屬（橄欖蟒、馬氏岩蟒、水蟒與其親族）、巴布亞蟒屬（巴布亞蟒）、樹蟒屬（地毯蟒、鑽石蟒、綠樹蟒、黑白莫瑞蟒、紫晶蟒）與蟒屬（緬甸蟒、血蟒、岩蟒、網紋蟒與相似物種）。球蟒和世界上最大型的蟒蛇同樣被歸類於蟒屬（*Python*）。同為蟒屬的還有網紋蟒、非洲岩蟒、帝汶蟒、血蟒、印度蟒（包括緬甸蟒的亞種）與安哥拉蟒。其中安哥拉蟒（*P. anchietae*）與球蟒的親屬關係最近。球蟒是蟒屬中體型最小的蛇，全長通常不超過 6.5 英呎（2 公尺）。

球蟒的學名為 *Python regius*，意思是「皇家蟒蛇」（*P. regius* 在歐洲通稱為皇家蟒，在美國則稱為球蟒）。球蟒有可能是因為受到非

球蟒（圖為淡黑個體）唇上的小洞其實是用來偵測溫血獵物的熱能感測器官。

洲某些部落的崇拜而得此學名。球蟒至今仍在許多非洲地區被視為神聖的動物。在一些年代久遠的文獻中，球蟒也被稱為帝王蟒（regal python）。

外觀

球蟒屬於身短體重的蛇類。平均身長為 4 至 5 英呎（1.2 至 1.5 公尺）。牠們充滿肌肉並有明顯纖瘦的頸部。頭部靠近頭骨基部較寬，靠近吻部則較窄。上顎兩側各有五個唇部熱能感測窩器，用來感應獵物所散發的紅外線（體溫）。這些唇窩（labial pit）可以偵測到微小的溫度變化。在用手餵食寵物蛇解凍老鼠的時候請特別注意，如果你的手比食物本身散發更多熱量，便有可能被咬。

野生球蟒的正常外觀通常是黑色或深棕色的底色配上淺棕色或金黃色的淡斑。牠們的花紋十分多變，可以是條紋、塊斑、帶狀或者三者並陳。球蟒的腹部通常為白色，偶爾可見黑色或黃色斑點。即便是從同一顆蛋裡孵化的球蟒，身上的花紋依舊是獨一無二的，就像指紋一樣。球蟒的淺色區塊中常常可以看到一些深色的記號。當這些記號愈靠近淡

爬蟲互食的世界

近年來非洲的大型動物不斷減少。牠們大多生活在大型野生公園。小型動物的情形也不樂觀，因為牠們同時是人類與其他動物的獵物。這使得球蟒必須應付的獵食者數量大不如前。如今最主要的球蟒獵食者極有可能是其他爬蟲類。球蟒的棲息範圍內有草原巨蜥以及三種眼鏡蛇。莽原巨蜥為隨機食者，牠幾乎沒有理由錯失一隻毫無防備的球蟒。眼鏡蛇除了是有名的食蛇者外，牠們也住在與球蟒同樣類型的洞穴中。因此，眼鏡蛇對於球蟒應當也是來者不拒。

色區域的上方，就會呈現出宛若外星人的怪「臉」一般的圖案。許多人便稱呼這樣的花紋為「外星人記號」。

球蟒無論雌雄都有泄殖腔棘——泄殖腔兩側的小突刺。雄球蟒會利用泄殖腔棘進行交配。泄殖腔棘有機會磨損甚至斷裂。球蟒的性別無法從泄殖腔棘的尺寸判斷。球蟒在夜間最為活躍，牠們會離開洞穴找尋食物或交配機會。飼主常會在關燈後不久聽到球蟒在飼育箱裡活動的聲音。

野外的球蟒飲食種類多樣，從鳥類、蝙蝠到小型哺乳類。有一研究顯示小於 30 英吋（76.2 公分）的球蟒主要以鳥類為食，同樣區域內大於 39 英吋（99.1 公分）的球蟒則以小型哺乳類為食。這樣的現象在自然界中並不罕見。許多物種會根據自身體型的大小甚至性別來決定要捕獲的食物類型。

球蟒主要生活在莽原，而莽原上的樹木稀少，因此牠們並沒有太多機會攀爬。居住在多樹區域的球蟒才比較有機會展現攀爬的能力。大體而言，除了偶爾爬爬高，球蟒並不為樹而生。球蟒們都是游泳好手。

第二章

飼養須知

在所有的蚺蛇與蟒蛇之中，球蟒或許是最適合一般人的寵物蛇。牠們體型相對小且普遍不具攻擊性。球蟒的照護也相對簡單，絕大多數的飼主都能輕易地為牠們打造一個合適的環境。野生球蟒拒絕進食的案例時有所聞，但人工孵化的球蟒通常進食穩定，是有趣且溫順的家庭寵物。

1990 年代以前，球蟒被認為是極為麻煩且難以飼養的動物。大量球蟒在這段時期因為拒絕進食而死亡。當時唯一可取得的球蟒皆為進口的成年蛇，而成年蛇往往適應不良並逐漸消亡。由於對寄生蟲的知識不足，加上無法有效降低運輸所造成的壓力，使得大部分的個體均難以調適。許多球蟒甚至會拒絕進食長達一年！僅有耐心十足的愛好者才有可能成功飼育這些成年蛇。這些人再將方法分享給其他同好，讓愈來愈多人了解該如何適當地照顧進口成年蛇。美國國內至今仍有成年蛇進口，對照護方法不熟悉的人仍可能在飼養上遭遇困難。

如同球蟒的名字一樣，當牠們感受到威脅時會蜷曲成球狀。

隨著愛好者對球蟒的知識逐漸增加，聰明的狂熱分子終於能夠成功繁殖球蟒。體色突變（稱為品系）首度出現後，也激勵更多人投身球蟒的照護與繁殖。時至今日球蟒不僅是前五大最受歡迎的爬蟲寵物，更有超過一百種顏色與花紋可以選擇。

由於球蟒嬌小的體型與溫順的性格，使得牠們成為絕佳的寵物蛇。必須特別注意的是，球蟒的壽命可長可短。目前人工飼養的最高官方紀錄為費城動物園一隻四十七歲的球蟒。基於其可觀的壽命，飼主應該（盡可能）確保自己有能力在不同階段滿足球蟒各項需求。若你有特殊原因而無法繼續照護你的寵物蛇，又沒辦法為牠找到一個家，以下是一些可提供協助的途徑。美國國內有許多爬蟲團體推行領養計畫，許多寵物店又或許願意收購你的球蟒。地方動物收容所在飼主失能時也有可能

接手。網路的爬蟲相關論壇同樣有可能替流離失所的球蟒找到新家。無論如何，你都絕對不應該將寵物蛇野放。球蟒非原生物種，若遭野放可能為地方環境帶來浩劫。

取得

為了你和球蟒的權益，在你收養球蟒前，請至少詳閱本書一次。閱讀本書後，你可以清楚地知道自己是否有能力照顧球蟒，以及帶蛇回家前應該做的準備。球蟒可經數種不同管道取得。你可以在地方寵物店、爬蟲展、網路上、報紙，或是透過當地的爬蟲社團購買。不同管道取得的球蟒會有其特有的好處與壞處。你必須自己判斷哪一種最適合你。

領養

爬蟲學研究團體提供愛好者聚集的機會，並分享對爬蟲與兩棲類的共同興趣，然而並非每個州都有這樣的組織。很多此類的團體都有為飼主失能的兩爬尋找新家的認養計畫。他們也會接收從地方收容所或執法機構而來的動物。大部分的團體會要求認養人在認養前入會。通常在你把蛇帶回家前，還會被要求簽署一份認養文件。認養規定依各組織規定而有所不同。

對無經驗的飼主來說，領養人工飼育並已有進食紀錄的球蟒較為理想。

長壽的蛇類

球蟒是人工飼育的蛇類中最年長的紀錄保持蛇。費城動物園曾收容一隻半成年蛇並成功養到四十七歲！在考慮將球蟒作為寵物之前請記住──這有可能會是漫長一生的承諾。

私人交易

從地方報紙找私人單位購買是非常有趣的經驗。這些蛇多半是成年蛇。牠們可能很健康，也有可能會需要療養。（請確保若蛇的健康狀況不佳，你有能力支付可能十分昂貴的專業醫療服務。）這些蛇過去的飼主可能是長大成人、離家上大學，或單純對寵物蛇徹底失去興趣的孩子。絕大多數被棄養的雌球蟒都來自這些私人單位。

寵物店

寵物店是許多新手愛好者找到他們第一隻爬蟲動物的地方。有些商店乾淨整潔，雇用擁有專業知識的店員，並販售健康的動物；有些商店則不然。比起在寵物展，在寵物店裡，你有機會更長時間地觀察每隻蛇。當你決定要購買某隻球蟒前，請要求店家出示餵食紀錄，或親眼見證球蟒進食。這是非常重要的一點，因為球蟒最大且最常見的問題之一就是拒絕進食。受到良好照顧的球蟒幼蛇在適當安置及照護下通常沒有進食問題。

如果你想要特定顏色品系的球蟒，如這隻派球蟒，就可能需要直接向繁殖業者購買。

爬蟲展

噢，是爬蟲展！是兩爬愛好者最喜歡的地方！爬蟲展（或稱作爬蟲秀）通常會在公共區域如會議中心舉辦，提供展售平台給買賣爬蟲類、兩棲類及相關產品的團體。有小型區域性的爬蟲展，也有吸引全美各地繁殖與買賣業者的大型展覽會。

在爬蟲展上你有機會看到大量的球蟒。並非所有爬蟲展的賣家都是繁殖業者，之中也有仲介以及進口業者。最好花點時間多參觀幾家攤商，向值得信賴的賣家購買品質優良的球蟒。如果在你想要觸摸球蟒時被要求消毒雙手，請不用感到驚訝。（大部分的賣家會自行攜帶消毒洗手液。這是非常常見的。）

選擇讓你感到舒適的賣家，最重要的是，請務必取得賣家的聯絡方式，以免購買的球蟒未來發生任何問題，或者出現任何飼養上的疑慮。

人工繁殖是最佳選擇／多花幾分錢買一隻人工繁殖、品質優良的球蟒可以減少許多將來的麻煩。牠們通常進食穩定且沒有寄生蟲問題。請記得在購買前，而不是購買後，就做好功課。從商譽良好的賣家或行號購買球蟒將可避免未來的諸多煩惱。

網路購物

你可以在網路找到上百個來自繁殖業者、仲介、進口業者的不同選項。有只在乎賺錢與否的賣家，也有真正熱愛蛇類的賣家。在購買之前確認賣家在網路上的評價是至關重要的。買家經常會選擇最便宜的賣家，短期內可能節省了一些費用，但長期而言卻

人工繁殖 是最佳選擇

多花幾分錢買一隻人工繁殖、品質優良的球蟒可以減少許多潛在的麻煩。牠們通常進食穩定且沒有寄生蟲問題。請記得在購買前就做好功課，而不是購買後。從商譽良好的賣家或行號購買球蟒將可避免未來的諸多煩惱。

忍住同情

若你發現狀況不佳的球蟒，請不要抱持救援的心態購買牠。販賣蛇類的賣家不應該得到支持，這樣的行為也不會鼓勵他們改善對動物的照護。讓生病的球蟒回復到健康狀態所需的花費往往超過救援者的預期，且救援通常未能成功。

可能帶來更大的損失，無論是醫療費用或是在繁殖時遭遇困難。（例如你購買了應該產下白化球蟒的品系，卻在若干嘗試後接連得到正常體色的後代，而造成時間與金錢的莫大浪費。）如同所有業界，爬蟲世界裡也有不肖業者，所以在購買球蟒時請小心謹慎。

現在大多數繁殖業者會提供販售蛇隻的照片。除此之外，大部分也會提供各項紀錄。繁殖業者可提供包括餵食、孵化日期、體重、蛻皮日期與家族史紀錄。有些賣家提供的紀錄可能較其他的更為詳細。其中最重要的資訊為血統以及孵化日期，若餵食紀錄不完整，則應附上可顯示球蟒孵化後穩定增重的紀錄。

購買健康的球蟒

當你決定好要在哪裡購買後，下一步就是挑選一隻健康的球蟒。在網路購買，全聽憑賣家的誠信及聲譽，也因此做足事前功課特別重要。若你選擇在爬蟲展、寵物店或向個體戶購買，則請務必仔細檢查你所購買的蛇隻。攜帶你自己的手部消毒液，做好準備，並且在觸摸蛇後再

購買球蟒前，請仔細檢查牠身上是否有任何健康狀況不佳的跡象。

球蟒的鼻孔不應該出現任何液體、分泌物或者冒泡的聲音，這些都是呼吸道感染的徵狀。

次消毒雙手！因為蛇身上可能有皮膚疾病以及蟎。

總體狀況

　　無論你考慮購買的蛇是處在什麼狀態，務必要親自觸摸檢查。正常蛇類應該要在被觸摸時吐舌並露出警戒的神情。觸摸可以讓你感受到蛇的肌肉張力與身體狀況。蛇的身體應該是堅實並充滿肌肉的，而不是瘦骨嶙峋或者疲軟無力。且不要選擇身體狀況不佳的蛇。進食狀況不佳或未曾進食的蛇，尤其是幼蛇，觸感會顯得柔軟並且無肌肉張力。挑選時也應該避免中央有硬塊的幼蛇。這通常代表蛇隻的消化系統內有未完全吸收並且硬化的卵黃。此卵黃殘留物須移除，否則蛇隻將會死亡。移除方法之一是經由觸診小心地將卵黃導引通過消化系統並由泄殖腔排出。若觸診施行不當，蛇隻有可能受到足以致命的傷害。卵黃殘留物亦可經由手術移除。考量到此問題所牽涉的危險性及花費，盡量避免腹部有硬塊的幼蛇是最好的做法。

在觸摸蛇的時候，也請花一點時間仔細檢查皮膚的狀況。蛇的皮膚應該要看起來乾淨、光滑，且表面沒有傷口、疤痕與寄生蟲（蟎與蜱）。蛇的截面不應呈現明顯的三角形與清晰可見的脊椎骨。此為球蟒營養不良的徵兆。蛇的體表應該無瘡口、突起、脊椎變形或殘留的蛇蛻。

同時請觀察蛇隻是否有呼吸疾病的徵兆。蛇的鼻孔應該看起來乾淨，口部無黏液流出，飼育箱內無黏液污漬。避免挑選呼吸有氣喘聲或水聲的蛇，因為這正是呼吸感染的徵兆。有時候蛇單側或雙側的鼻孔可能會黏有小片的皮膚，導致蛇在呼吸時產生一點聲音。鼻孔中殘留的小片皮膚通常在下一次蛻皮時就會自然脫落，切勿將此誤認為呼吸感染。

寄生蟲

另一個需要注意的問題就是外寄生蟲。外寄生蟲寄生在宿主體表。常見的球蟒外寄生蟲為蜱及蟎，兩者都屬於蛛形綱（包括龍蝦和螃蟹）。蜱和蟎靠吸食宿主血液維生。

蜱體型微小扁平，有八隻腳，並善於隱身在成年球蟒的鱗片中，直到牠們

購買前請仔細檢查你的球蟒。球蟒的眼睛應該清澈並無脫落的皮膚黏附。

你與兩爬與法律

沒什麼比當一個富有責任感的兩爬飼主更重要的了。近來全美數州已立法限制，甚至在某些狀況下禁止飼養兩爬。立法與禁令最主要是為了保護環境與居民。每當有人的大型蛇類、蜥蜴、凱門鱷逃脫，人們就會開始擔心孩童或寵物的安危。

你最大的責任就是讓你的寵物蛇受到妥善的照顧，成為一個爬蟲飼主的好典範，並確保你的球蟒（或任何你所飼養的兩爬）沒有機會逃脫。一旦事情發生，就有可能促成更加限縮的法令。兩爬愛好者知道球蟒對人類並無危險性，然而官僚以及大多數恐懼蛇類的大眾並不如此。另外，應避免將蛇帶到公眾區域，如公園、社區游泳池與跳蚤市場。此舉可能會驚嚇到怕蛇的民眾並使他們對蛇飼主產生反感。若有人通報當地官員，有可能進而引發對兩爬的禁令。

在你居住的地方如果有兩爬社團你也可以加入並支持他們。雖然有人認為這樣的社團並沒有存在的必要，但請記住他們不僅支持保育、身兼資訊的重要來源，同時他們也戮力維護你飼養爬蟲與兩棲動物的權利。他們之中許多人與地方立法機關或官方的野生動物單位關係良好，並透過這些關係，制定對兩爬動物與其愛好者約束較少的法律。地方立法委員傾向聽取所屬區域內的人民或團體的意見，而非外部的倡議組織。

當你飼養寵物蛇一段時間，清楚了解其行為與個性後，不妨試著在鄉里成為兩爬推廣大使。第一步是正確完整地認識你所養的蛇，接著與他人分享你所學習到的資訊。你可以嘗試詢問當地的小學教師，是否願意帶著小朋友一起來認識蛇類。或者同時也可以結合其他動物或野生動物的課程。又或者如果你孩子的學校剛好正要舉辦一些活動，可以試著詢問幼童軍、男童軍、女童軍等團體的意願，看看他們是否有興趣讓你做一些蛇類的展示。總之能讓愈多人認識你的蛇愈好。主動出擊前，請確認自己是否專業、負責任、有禮貌。最後，也別忘記隨身攜帶手部消毒液。

因吸血膨脹而變得顯眼。蜱將嘴器埋進蛇的皮膚之中吸血。只有進口的球蟒或者與進口球蟒共同飼養的球蟒身上會發現蜱。如果你看到的球蟒身上有蜱，那牠八九不離十就是一隻在非洲野生捕獲的球蟒。幾年前成年球蟒身上的蜱是非常常見的，現在進口業者被要求在運輸至美國之前必須清除球蟒身上所有的蜱。（蜱可以用鑷子簡單地移除，但在眼周脆弱的部位作業時必須特別小心。）

　　蟎是十分微小難纏的生物，一不留意，就會在短時間內大量增值。成年雌蟎呈黑色，活動力強，大小約合針尖。蟎是生卵機器，牠們會毫不猶豫地進攻你所有的蛇類收藏。購買球蟒時，請仔細檢查眼窩周圍、下顎中段的皮膚皺褶與唇窩等蟎主要大量滋生的部位。若球蟒受到嚴重的蟎感染，在接觸的當下或之後，你可以發現在手上蠕動的蟎。避免挑選有蟎問題的球蟒，因為牠們是一些致命球蟒疾病的媒介。

運輸

　　選好一隻健康的球蟒後，接著就是好玩的部分囉：把球蟒帶回家！但是等等！你已經妥善準備好球蟒的飼育箱了嗎？在考慮如何把球蟒帶回家之前，請確認飼育箱已經為即將入住的球蟒設置妥當（詳見第三章）。在球蟒入住以前準備好飼育箱可以加速牠適應環境的過程。

　　在完成交易後，請花時間檢查放置球蟒的袋子或容器是否密封，以免蛇在運送的過程中逃脫。球蟒與其他蛇類因運輸容器密閉性不足而逃脫的例子不下一二。也請避免將容器放置於車內陽光直射或正對暖氣風口的地方。此舉可能造成暴露在高溫下的球蟒嚴重過熱並在短時間內死亡。若天氣過於溫暖或寒冷，在運輸中途停下小憩也可能為你的新球蟒帶來危險。如果路途遙遠，請準備一個有通氣孔的保溫容器，避免球蟒暴露於極溫中。當然可以的話，盡可能直接帶著球蟒回家。

檢疫

　　如果新球蟒是你第一隻也是唯一一隻蛇，檢疫步驟對你來說就沒有那麼重要。若非如此，那麼新成員就必須接受檢疫。你帶回家的所有新球蟒（或任何爬蟲類）都應該檢疫至少六十天，或者理想上為九十天。檢疫有其必要性，並且可以為你省下許多將來的麻煩。

　　可能的話，最好將新寵物安置在不同房間內，遠離其他原有的動物。為了避免新蛇傳播疾病，請將新蛇的餵食與清潔排在最後面。接觸新蛇的工具與器械都應在使用後徹底消毒，碰觸蛇的手部也應確實清洗。

　　檢疫期間，可確切觀察新蛇是否進食順利、是否排便成形，是否無呼吸道感染、其他疾病或蟎寄生的徵兆。遵循適當的檢疫程序，避免蟎（或一些更糟的致命病毒）入侵，對你以及你其他的兩爬動物來說皆是有益無害。若無其他疑慮，在檢疫時間結束後，就可以安排新蛇進入共同飼養空間中牠自己的專屬位置。

第三章

飼養環境

選擇適合球蟒的飼養環境是十分重要的任務，目標是能同時滿足你與球蟒的需求。為球蟒挑選新家的時候，有幾點是一定得納入考量的，諸如飼育箱的密閉性、大小尺寸與保溫特性。此外也必須端看你是想安置一隻或是一隻以上的球蟒。

密閉的飼育箱是必需品，否則你的球蟒可能會逃跑到外面去。

安全第一

　　不久以前，球蟒飼育箱的唯一選擇是結合手作屋頂的玻璃水族箱，人們通常會用書本、磚頭重壓或以牛皮膠帶固定。這些都不是安全的選擇。所有蛇類都是逃跑高手，球蟒也不例外。牠們會利用每一個小開口和沒關緊的縫隙。也因此從一開始就為你的蛇準備一個安全密閉的家是非常重要的。

　　密閉的飼養空間將提供蛇一個安全的生活環境，讓球蟒待在裡面，而孩子、客人、還有其他家庭寵物在外。在家中逃脫的球蟒可以出現在任何地方。曾有案例是住戶搬進新房子時，發現前屋主留下來的大驚喜——一隻逃跑的蛇！適當的飼育箱也能避免你的蛇跑進社區，進而造成恐慌。有太多例子是逃跑的蛇在社區裡引發騷動，並導致立法對蛇類與爬蟲飼養愈來愈不友善。

尺寸問題

　　球蟒相較於其他物種的蟒蛇並不會長得太大。即便如此，牠們仍需要可容納所有造景的環境。飼育箱內的造景數量端看你想要為球蟒打

造一個什麼樣的家。長寬高 36×12×18 英吋（91.4×30.5×45.7 公分）約 30 加崙（113.6 公升）大小的飼育箱足以讓成年球蟒住一輩子。請注意不要將球蟒幼蛇放在過大的飼育箱中，常有球蟒因此而停止進食。若發生類似的問題，你可能必須在蛇長大前使用小一點的飼育箱，或者在大箱裡設置足夠的隱蔽處讓蛇可以感到安心。

飼育箱種類

在決定你要選擇什麼樣的飼育箱之前，請先考慮幾件事。你要養幾隻蛇？你家裡有多少空間可以使用？你偏好什麼樣的飼育箱（功能性？裝飾性？或兩者兼備？）？仔細審視所有的選項，做好萬全準備以選出最適合你的飼育箱。

另一個在購買飼育箱時需要考量的因素是，你的蛇會被安置在一個溫暖或者寒冷的房間裡。如果你要把蛇養在溫暖的地方，那麼就可以考慮玻璃缸；但若要把蛇放在較冷的地方像是地下室，那你可能就會需要一個保溫效果較佳的飼育箱。開放的網箱通常也無法確實地保持濕度。如果你居住在一個溫暖潮濕的地方，例如佛羅里達，那麼使用紗網的玻璃飼育箱對你來說或許就是個不錯的選擇。

若否，則建議你考慮市面上其他密閉的飼育箱。飼育箱有各式各樣不同種類、不同製造廠

大量飼養球蟒的繁殖業者或愛好者，偏好使用空間效率最佳的層架系統。

商，大部分的箱子側身會有通氣孔，在旁邊、上方或者底部也會有加裝加熱裝置的空間，視廠商設計而定。市面上也有客製化的飼育箱，可以融合其他家具擺飾，成為家中最吸晴的角落。若你想訂購客製化飼育箱，請先確認自己能夠負擔的價格。

　　如果你想一次飼養數隻球蟒，層架系統的飼育箱就非常適合你。層架系統，或被稱為抽屜系統，通常會由支撐結構加上無蓋的塑膠槽所組成。抽屜可以拉近拉出，方便清理與餵食；上方的層架則會變成蓋子，防止蛇類逃脫。這種飼育箱雖然不利玩賞，但極具功能性，讓飼主能在有限的空間內飼養多隻球蟒。市面上有不少層架系統的製造廠商。層架的材質多半是金屬或 ABS 樹酯。金屬材質較為堅固，但 ABS 樹酯的價格較為親民，也更具變化性。層架系統可以以層或以座的單位訂購，視你可利用的空間適合什麼樣的類型而定。

保溫設施

　　球蟒需要生存在適當的溫度。為了確實消化吃進去的食物，球蟒需要被養在溫暖的環境，不是熱。太熱或太冷都會造成球蟒進食或消化的問題。有許多方法可以維持球蟒飼育箱內的溫暖，但並非每一種都適合。

　　加溫石就不適合球蟒。加溫石無法加熱飼育箱內的空氣，為了取暖，球蟒就必須爬到岩石旁邊，這樣長時間的接觸經常會使球蟒燙傷。

　　加熱墊是單一飼育箱的最佳選擇。加熱墊設置在飼育箱下方並使用電力發熱。請在使用加熱墊前詳細閱讀使用說明，並遵照指示以免發生火警。建議在使用加熱墊時同時加裝變阻器，使加熱墊可以根據室內溫度做功率調整。觸摸加熱墊上方的飼育箱底部時應該感覺溫暖但不至於過熱。

　　陶瓷發熱燈也可以用來加熱飼育箱。陶瓷燈類似一般燈泡，發熱但是不發光，通常會附固定的夾子以及遮罩，飼育箱內應有足以支持燈泡與遮罩重量的結構。避免將陶瓷燈裝在一般燈泡的基座，以免引發火災。因為陶瓷燈泡不會發光閃爍的關係，使用時一定要特別注意不要忘記。

紅外線測溫槍

紅外線測溫槍（溫度感測器）是你維持孵蛋器與球蟒爬蟲箱正確溫度的好幫手，在不斷降價後現在也已經人人負擔得起了。

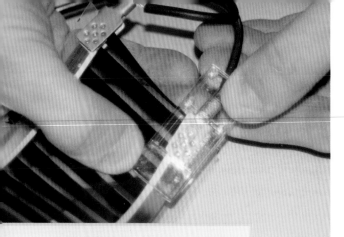

加熱條帶也是十分受歡迎的飼育箱加熱設備。

視製造廠商不同，現成的層架系統有時會內建加熱設備以及恆溫器。有些使用加熱板；有些則使用加熱線。相對細長的圓形加熱線有各式不同長度，並盤繞安裝在飼育箱底部散發熱源。加熱線所需數量視室內溫度而定，溫度較低的房間會需要更多的電線。

　　每個飼育箱內都應該有恆溫器以控制溫度。大部分的恆溫器都只有一個感應探頭，市面上也有複數以上的商家販售多探頭的恆溫器。探頭會被安裝在熱源附近以監控溫度，在飼育箱內達理想溫度後開始進行調整。若恆溫器只有一個探頭，通常會建議將探頭安裝在飼育箱中央。多探頭的恆溫器可以減少層架系統各層間的溫度差。層架系統如果使用單探頭恆溫器，上層的飼育箱通常會比底部的空間高上好幾度。依據不同的層架高度，多探頭系統使飼主可以個別加熱單個飼育箱，或者二到三層的群組，減少高低不同樓層間的溫度差。大部分的室內空間都會產生自然的溫度差，當加熱器開始作用，即說明了層架頂部與底部的溫度差異。

溫度

　　成年球蟒的飼育箱內「熱點」介於華氏 80 至 85 度（攝氏 26.7 至 29.4 度），而幼蛇則在華氏 85 至 90 度（攝

請勿使用感溫試紙

很多飼主會在飼育箱外貼上感溫試紙，以為這是便宜又有效的妙招。但實際上感溫試紙只能測量接觸面玻璃的溫度，並不能真正測量到飼育箱內的熱點。因此，請勿使用感溫試紙來記錄飼育箱內的溫度。

氏 29.4 至 32.2 度）。周
遭氣溫可低於熱點，接
近華氏 80 至 85 度（約
攝氏 25 至 29 度）。球
蟒的行為是最主要判斷
溫度是否合宜的依據。
如果你的球蟒老是待在
水盆裡（在沒有蟎感染的
情況下），通常代表飼
育箱內溫度太高。反之，
如果你的球蟒一直待在
飼育箱內溫暖的區域並
且鮮少四處移動，則代表
飼育箱內溫度可能太低。

白楊木是接受度最高的球蟒飼
育箱底材。

投資一台測溫槍可
以幫助你有效地監控飼
育箱內的熱點。現在的紅外線測溫槍不
僅方便取得，價錢也很公道。強烈建議大家添購一台。飼育箱內的溫度
應該定時監控，因為電子加熱裝置有可能失常。依據家中的溫度調整加
熱裝置的溫度也是非常重要的。

光源

球蟒不像許多蜥蜴需要完整光譜的光源（模擬陽光的光源）才能
過得健康快樂。球蟒的體色在完整光譜的照射下會變得更美，但和健康
並沒有一定的關係。不過正常的光週期對於球蟒就非常重要了。在自然

遮蔽處的苔癬塊可以
幫助蛇蛻皮。

棲地中，球蟒每天接收大約 12 小時的日光與 12 小時的黑夜。乾季和雨季間有約一小時的時間差。人工飼養的球蟒可以調整光週期到該地區自然的晝夜長短，除非是在極高緯度。在這些特別的地區，球蟒每日接收到的日光量可能不足，此時就需要補充球蟒在室內的光照量。除此之外，照進室內的日光量一般來說對球蟒都是足夠的。

　　請勿將飼育箱放置在陽光直射的地方，此舉可能會使飼育箱內溫度劇烈上升並害死球蟒。若室內的自然光不足以提供球蟒明確的光週期，請使用適當的人工照明設備，例如全光譜的日光燈或者任何市面上的爬蟲燈具，來滿足球蟒的日照需求。

濕度

　　球蟒來自高濕度的天然環境。在人工飼養的環境中，維持和球蟒

自然棲地相當的濕度並不容易。此外，飼育箱內若可見水珠滴落，則濕度過高。濕度過高可能導致你的寵物蛇罹患水疱病，更不用說飼育箱內大量增生的苔癬。調控濕度與通風的平衡至關重要。

最適合球蟒的濕度介於 50 到 70%。每隻球蟒適合的溫度也會有些許差異。飼育箱內濕度調控的難易度，會受到飼育箱種類以及居住地區的氣候影響。季節轉換也會影響家中的濕度變化。冬天的暖氣及夏天的冷氣都會使飼育箱內濕度下降。請使用濕度計監控飼育箱內的濕度。

適當的濕度可以幫助蛇進行蛻皮。如果蛇的蛻皮過程非常順利，那你就不需要擔心濕度問題；如果蛇在蛻皮時出現困難，那你可能就需要部分加蓋來增加飼育箱內的濕度。在球蟒蛻皮期間定期噴霧也可增加飼育箱內的濕度。噴霧可能會有作用，也可能引起反效果：因濕度過高而造成蛇的蛻皮困難。再次重申，最重要的是找到平衡點，並藉由蛇的表現來判斷飼育箱內的濕度是否適當。

球蟒偏好窄小的隱蔽處。請確保飼育箱內的隱蔽處空間不會過大。

底材

　　爬蟲底材的種類繁多，但不是全部都適合球蟒。選擇底材的時候，也可以考慮到你想打造的蛇箱是什麼樣的設計與氛圍。

　　如果你追求的是經濟實惠，那麼就選用方便處理的底材。報紙、裁剪好的襯墊、瓦楞紙，或者其他類似的紙材都可以作為飼育箱底材。紙材在生活中隨手可得。如果你家有訂報紙，看完新聞就能充當便宜好用的底材。紙材還有其他好處，像是清理與丟棄都很方便。

　　刨絲或切碎的白楊木也是許多爬蟲愛好者常用的底材。白楊木吸水後會變色，讓飼主可以輕易地辨別哪些區域是需要清理的。清理白楊木的時候只需要清理髒掉的區域即可，不需要一次換掉所有底材（雖然最終所有底材還是必須更換）。

　　有些人比較偏好室內／戶外地毯或人工草坪。過去這些材質是單片墊料的唯一選擇。現在則有專門為爬寵飼養設計的籠內用地毯。如果你選擇使用地毯，記得要多準備幾片

若能控制適當的溫度、濕度以及底材，球蟒也能在仿自然環境的玻璃飼育箱中優遊自在。

備用，當地毯髒掉時就能馬上更換乾淨的新地毯。更換時記得要清理滲透到地毯外的液體或糞便。

應避免使用沙子、水族缸底砂礫、玉米芯底材、香柏木以及部分松木產品。沙子會摩擦蛇的腹部，若不小心吞食，可能會造成腸道阻塞。水族缸底砂礫與玉米芯底材若誤食也可能會造成腸道阻塞。香柏內的樹脂成分與劣質的松木屑則有可能造成球蟒的呼吸窘迫，因此都應避免使用。

飼育箱布置

躲藏窩

球蟒需要適當的隱蔽處提供休憩空間與安全感才能成長茁壯。市面上有許多不同款式的躲藏窩可以選擇，有簡單如鞋盒者，也有精緻如手工防水木造房屋造型的設計。寵物店也有專門為蛇類設計的躲藏窩。

選擇商品時請考量清潔的方便性。不過如果你不覺得刷洗豪華小窩的各種複雜設計很麻煩，那就另當別論了。請確保隱蔽處大到足以容納球蟒，但又要小到能夠提供安全感。

自食己蛻

若發現飼育箱內有蛇蛻請儘速移除。若蛇蛻在餵食前尚未移除，蛇可能會在進食的時候誤吞沾黏在食物上的皮。雖然並不常見，但上述情形確實可能發生。通常被誤食的蛇蛻能夠順利通過腸道，但若量過大，也可能導致蛇將吃進去的老鼠一起吐出來。

若選擇自製躲藏窩，請確保無論現在或以後，都有球蟒足以自由進出的開口。球蟒成長的速度很快，過去可以容納球蟒的開口，可能在未來成為卡死球蟒的兇手。你可不想一回家發現球蟒的身體卡在過小的洞裡。

球蟒通常不會長時間浸泡，若發生此現象可能為蟎感染或過熱的徵兆。

許多球蟒似乎更偏好開口在上方的小屋，這樣的設計讓球蟒可以伸出頭埋伏獵物，同時避免老鼠直接跑進洞裡。

陶瓷花器也可以作為現成的躲藏窩，唯獨花器底部的開口必須視球蟒體型適時加大。開口加大至想要的大小後，記得用銼刀或砂紙將邊緣磨平，以免裂口弄傷球蟒。

水盆

水盆是球蟒飼育箱中的必需品。儘量挑選堅實的陶瓷或塑膠水盆，才不會被充滿好奇心與活力的球蟒打翻。

基本上水盆不需要大到足以容納球蟒，但必須大到足以提供球蟒充足的水量。許多飼主會使用塑膠食物容器當作水盆的「內層」，這樣一來可以輕易地更換與添加乾淨的水源，也能避免水盆內礦物質堆積。

健康的球蟒通常很少將自己泡在水盆裡，如果發現類似現象，大多代表球蟒有問題。如果飼育箱內沒有任何隱蔽處，水盆可能會被緊迫

的球蟒當作躲藏窩；如果飼育箱內過熱，球蟒則會進到水盆裡消暑。

然而，最可能導致球蟒窩在水盆裡的原因仍是蟎感染。蟎掉進水裡後會堆積在水盆的底部。如果發現你的寵物蛇開始會泡在水盆裡，請特別注意這點。就算在水盆底部沒有發現任何載浮載沉的蟎，也未必就代表球蟒身上沒有蟎感染。仔細用眼睛檢查你的寵物蛇，如果未發現任何蟎，請再次檢查飼育箱內的溫度是否合宜。若情況仍未見改善，那就代表你的球蟒可能真的有蟎感染，只是蟎還沒大到肉眼可見而已。

植物

許多飼主會想要用植物來為寵物蛇打造一個「仿自然」的飼育箱。你可以在飼育箱內加入一些植物，但最好要很耐用。球蟒幼蛇還小的時候不會對植物造成太大傷害，此時可以選用活的植物也沒關係，例如黃金葛（*Schindapus aureus*）就是很好的選擇。請避免有毒的植物。

球蟒長大後，就非常有可能會破壞活動範圍內的所有植物。因此，成年蛇的話可以考慮耐用的人工植物。坊間有許多耐用的人工裝飾植物，大部分在髒掉時偶爾也能直接清洗。

球蟒如果有機會的話還是會爬高。請確認球蟒攀爬的樹枝堅實穩固。

木頭

飼育箱可用的裝飾木塊在很多地方均有販售。海邊的漂流木也可以使用，只是在放入飼育箱前務必要妥善消毒。以華氏 135 度（攝氏 57.2 度）加熱 30 分鐘即可消毒木塊。

在清理球蟒的
飼育箱時，請準備一個額外
裝球蟒的密閉容器，避免球
蟒逃跑。

放入飼育箱內的木塊或樹枝應該
堅實，並確認沒有蛇隻會卡住的刻痕
或凹陷。要把蛇跟卡住的地方分離可
不是一件容易的事。再次叮嚀，球蟒
的身形結實壯碩，任何要放入飼育箱
內的東西都應該要能支撐球蟒的大小
及重量。球蟒不像樹棲蛇類是爬樹專家，但偶爾還是可以在樹上發現牠
們的蹤影。故在飼育箱內放入樹枝時請確實固定，避免球蟒攀爬的時候
鬆脫掉落。

清理

飼育箱總是會變髒的。如果飼育箱髒了，請儘速清理。有些人覺
得不需要在飼育箱一出現髒污就馬上清理，因為野外球蟒的生活環境也
並非一塵不染。話雖如此，但野外的球蟒也不
會在自己的排泄物上反覆爬行。人工飼養的球
蟒無法自由選擇，只
能屈身在飼主所給予
的生活環境，因此將
球蟒的活動空間保持
整潔是非常重要的。
這也是身為飼主所應
負的責任之一。

很少有其他蛇類比球
蟒更加溫順好照顧。

若你使用的的底
材可以分區清理，那
就清理掉髒污的部分

就可以了。不過這樣做幾個月後，仍有必要替換所有底材，並徹底將空的飼育箱清潔乾燥。報紙或襯墊就沒有辦法分區清理，一旦髒了，就要全部更換。在使用新的報紙或襯墊前，請確認飼育箱底部已確實清潔。

　　若你選擇籠內用地毯，請確保有第二條以替換髒掉的地毯。隨時預備好更換的素材，當飼育箱髒掉時才能有備無患。

沒有腳的臭鼬

球蟒和其他蟒蛇一樣，都有分泌特殊味道的腺體，當被粗魯對待或用力壓制時，就有可能朝你「噴射」。噴射出來的液體呈棕色，如芥末醬般濃稠，聞起來則一點都不討人喜歡。反覆清洗沾黏到液體的地方可以減少氣味，但要完全消除可能需要數天不等的時間。

　　在開始清理飼育箱之前，必須將你的寵物蛇移開。請確認在清理時，家中有可安置寵物蛇的地方。尺寸適中且通風的塑膠容器，或甚至是枕頭套都可以當作暫時安置所，但請切記：無人看管的蛇隨時有可能不見！

　　稀釋的漂白水溶液（漂白水與水的比例約為 1：10）能有效消毒飼育箱，可事先稀釋後再以噴霧瓶保存。如果你選擇使用漂白水噴霧，記得在瓶子上方明確標示以免誤用。蛇有可能因為被噴到漂白水而死亡。

　　請移除所有飼育箱內的底材及物品，並確實噴灑整個飼育箱。十五分鐘後再小心沖水擦拭。把蛇放回飼育箱前，必須確認裡面無積水與清潔劑殘留。你也可以使用專門為清潔飼育箱所設計的清潔劑，但同樣必須確實清洗避免殘留。

　　躲藏窩、水盆、裝飾物等若沾染糞便，必須馬上徹底清潔。清潔時可使用肥皂及溫水。再次強調，所有物品均應確實清潔並乾燥後才可以放回飼育箱內。

　　汙水是疾病傳播的媒介，故水盆必須定時清洗以避免礦物質堆積及藻類增生。如果你使用的是襯墊，則應每天更換；水盆雖然不用如此

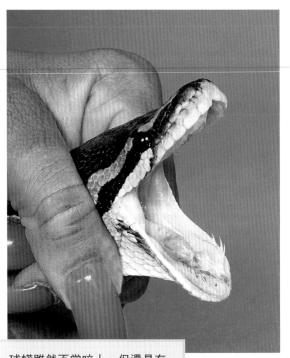

球蟒雖然不常咬人，但還是有足以讓粗心的照顧者受傷見血的尖牙。

頻繁清洗，但外表若有髒汙時仍應確實處理。

把玩

球蟒若沒有足夠的時間適應新環境，會非常容易緊張。請給你的寵物蛇一週或一週以上的時間來適應。在這段期間內，請克制與寵物蛇互動的慾望。當你的蛇開始正常按時進食後，你可以開始每天跟牠玩個幾分鐘。

觸摸寵物蛇前後，請確實以肥皂及溫水清洗雙手。在觸摸蛇以前清潔手部，可以避免飼主將有害物質傳播給蛇，也去除手上可能會引起蛇類攻擊的味道。在觸摸蛇以後清潔手部，則可以避免飼主感染蛇身上的細菌。

球蟒因為被過度觸摸而拒絕進食的案例時有所聞。只要球蟒依然正常進食，除了蛻皮的期間外，飼主可以逐步增加每天與球蟒接觸的時間。在玩賞球蟒時，必須支撐起蛇的整個身體，並且動作輕柔。

請避免「拍拍」或觸摸球蟒的頭部，牠們並不喜歡你這樣做。此外，請尊重彼此，了解並不是每個人都像你一樣熱愛爬蟲動物。如果你的家人或朋友不喜歡蛇，就不要勉強他們觸摸或者抱蛇，請讓他們自己決定是否要與你的球蟒互動。也請不要將蛇帶到公眾場所，像是人來人往的商場或公園。有很多人對蛇抱持著無與倫比的恐懼，對於喜愛爬蟲動物

的人來說或許很難想像，有人光是見到蛇，就可能因害怕過度產生激烈反應而送醫。把你的蛇帶到公眾場所，無論對蛇或者對其他人都是有害無益的。

我的蛇咬我！

動物會咬人，蛇也不例外，牠們也會咬人。你的球蟒會咬你嗎？有可能。這還得由你和你的球蟒做決定。這些年來，我曾經被各種尺寸及噸位的球蟒咬過，但沒有一次進過醫院、急診室，或甚至是醫生的辦公室。這並不代表牠們沒有殺傷力，牠們有，只是說球蟒造成的咬傷不及在外面跌倒。

咬人的原因通常有兩種：一種出於防衛，另一種則是餵食方法錯誤。大部分的咬傷都是在餵食的時候，因為飼主餵食方式不當而產生。這種就是有殺傷力的攻擊——畢竟你的蛇以為你是食物，食物可不能讓它溜走。通常球蟒會立即意識到自己錯咬了你並鬆口；若否，可以用冷水澆灌球蟒使其鬆口。使用餵食鉗可以大大降低被咬傷的機率，因為食物在鉗子尖端，而不是在你手上。

球蟒的蛇蛻特寫。健康的蛇蛻通常是長長完整的一條。

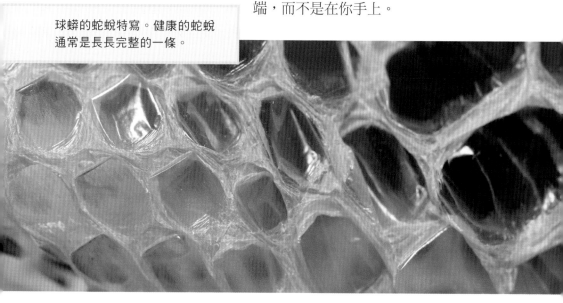

請儘速移除飼育箱內發現的蛇蛻。

少部分的咬傷則是出於防衛；球蟒多半非常溫馴，甚至被逼迫都不一定會咬人。

治療咬傷的方法相當簡單且直接。以肥皂和溫水清洗被咬傷的部位，再擦上消毒藥水就可以了。儘管並不常見，咬傷的部位仍有可能出現瘀青，通常幾天後就會完全痊癒了。

逃脫

我時常會接到這樣的電話或電子郵件：「我的蛇跑走了，你可以幫我找到牠嗎？」。再次重申，把你的球蟒養在一個密閉安全的飼育箱裡是再重要不過的事了。若你的蛇逃脫了，請準備花時間找到牠。逃脫的蛇可以出現在家裡的任何地方：廚房抽屜、洗衣機、衣櫃上層、床底下、沙發裡等族繁不及備載。

你必須盡力在其他人或其他東西找到你的蛇之前找到牠。如果蛇才剛逃脫不久，通常還會停留在飼育箱半徑 15 英呎（4.6 公尺）的範圍內；如果已經過了幾個小時以上，就無法預測蛇會在哪裡了。

球蟒在夜間最為活躍。可以試著在夜深人靜後，拿支手電筒搜索逃竄的蛇犯。沒有什麼所謂的「捕蛇陷阱」可以幫助你。但不妨嘗試在

蛇可能藏身的地方，於黑暗中擺放困於籠內的老鼠。蛇有可能會試著想進入籠子吃掉老鼠，也有可能靜靜等待老鼠自己跑出來。

找到逃脫的蛇是你的責任。蛇有可能不見一下子，也有可能失蹤長達數個月。如果你家是木頭地板，可以將麵粉撒在地上，那麼一來如果蛇在晚上出來遊蕩，起床後你也許就能發現「蛇跡」，並循線找到你的寵物蛇。

在最一開始就使用密閉安全的飼育箱將可防範於未然。一旦球蟒有成功逃脫的經驗，即便再回到飼育箱內，牠依舊會試著尋找任何再次逃脫的機會。

蛻皮

你的蛇一年需要蛻皮好幾次。蛇類在成長過程中需要蛻皮；快速成長的發育期蛻皮會較為頻繁，而成年蛇生長速度較慢，蛻皮的頻率也較低。

球蟒一次蛻皮大概需要耗時兩週。在蛻皮初期，球蟒的腹部會開始呈現粉紅色；隨著進程發展，蛇皮會開始失去光澤且眼睛變霧，轉成灰色或藍色調。蛇蛻皮前的雙眼變化也是片語「藍色時期（in the blue）」的由來。幾天過後，蛇的眼睛又會恢復清澈。成功的蛻皮表示蛇身上的皮膚完全脫落。無論是完整的一整片或者分成好幾片都沒關係，最重要的是完全脫落。若蛇蛻殘留在蛇的身上，就是不成功的蛻皮。通常這意

移除眼部殘留蛇蛻

在移除眼部殘留的蛇蛻之前，請確認該物確實為黏附眼睛的蛇蛻。如果你不小心將蛇的眼蓋移除，有可能會對蛇眼造成終身傷害。如果你無法確定該物是否為蛇蛻，請諮詢你信賴的獸醫。

味著環境濕度不足或者脫水。你必須要想辦法移除殘留的蛇皮，讓蛇反覆爬過沾濕的毛巾可以幫助黏附的蛇皮脫落。

切勿將裂開或凹陷的眼蓋（覆蓋眼球的透明鱗片）誤認為眼部殘留的蛇蛻。上有殘留蛇蛻的眼睛看起來會和另一隻眼睛有點不一樣，有時可以發現眼眶周遭有小塊蛇皮。如果蛇的眼睛上有殘留的蛇蛻，你可以用沾濕的棉花棒，或者沾濕的指尖，輕輕地搓揉牠的眼睛來幫忙移除。殘留的蛇蛻通常可以輕鬆移除，如果行不通，就可能需要把蛇帶到地方動物醫院請求協助。

球蟒蛻皮時，請仔細幫牠檢查身上是否有殘留的蛇蛻。像眼睛、排泄口，以及尾端都是容易發生問題的部位。

眼部殘留的蛇蛻會傷害蛇的眼睛，皮膚上殘留的蛇蛻同樣也會傷害蛇的肌膚。尤其注意尾巴尖端是否有殘留蛇蛻。這個部位常常被忽略，導致緊繃的蛇蛻累積在尾端。若無法及時矯正，蛇尾是有可能壞死脫落的。蛇蛻有時也會卡在泄殖腔棘的基部。仔細檢查上述這些部位是否有殘留的蛇蛻。準備好小心並輕柔地替你的蛇移除蛇蛻，以杜絕可能發生的問題。

如果你的球蟒一直出現蛻皮不順的問題，請調整飼育箱內的濕度。同時，最好也可以替你的蛇準備一座蛻皮窩。蛻皮窩可以是一個有蓋的容器，並在其側邊挖一個能讓蛇自由進出的洞，記得洞口必須要磨平，並在內部鋪上濕紙巾或濕潤的泥炭蘚。僅有在蛇的眼睛變清澈後的蛻皮後期才需要蛻皮窩。當蛇完成蛻皮，就可以移除蛻皮窩，並妥善清潔以利下次使用。

紀錄

　　無論你有一隻或是一百隻球蟒，紀錄都是養蛇非常重要的一環。你可能會問：「怎麼會？」，試著想想，如果有一天你的蛇需要去看醫生，你將有能力出示蛇上一次進食與上一次蛻皮，甚至是持續增重或減重的紀錄。紀錄是非常有用的工具，畢竟沒有人能夠什麼都記得。

　　紀錄中應該涵括的重要資訊包括：

- 你在何時向誰購買蛇
- 蛇在購入時的年齡或孵化日期
- 蛇的基因族譜（若有）
- 蛇每餐進食的日期
- 吃了什麼與吃了多少
- 蛇蛻皮的日期。

　　其他資訊也同具參考價值。定期幫蛇量體重並記錄；若蛇曾使用任何藥物，紀錄中也應記載。若你打算繁殖你的蛇，請記下配種日期以及蛇成功交配與否。若你十分幸運目睹到蛇產蛋，也請記錄該日期。請確認交配的是你的哪隻雄蛇與雌蛇。對於人們老是無法百分之百確定誰是一整窩小球蟒的父親一事，我早已見怪不怪。這點在當你想利用隱性基因品系繁殖子代時特別重要。記錄雌蛇產蛋的日期、數目以及產蛋後的體重。也可以記下蛋的重量。紀錄要做得多詳細完全取決於你。

　　你可以使用索引卡來記錄，並建議將卡放在飼育箱中不顯眼的位置。如果沒辦法，也可以買一個資料盒來收納所有索引卡。現成的網路資源也能幫助你保管紀錄。因等級各有不同，請選擇最適合你的來使用。

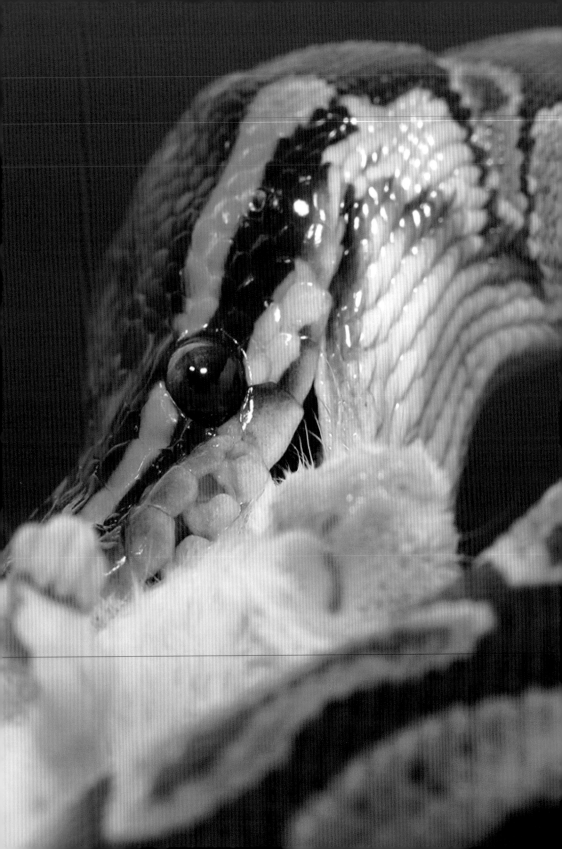

第四章

餵食

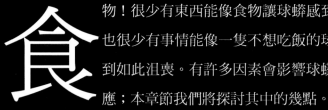

食物！很少有東西能像食物讓球蟒感到如此興奮，也很少有事情能像一隻不想吃飯的球蟒讓飼主感到如此沮喪。有許多因素會影響球蟒對食物的反應；本章節我們將探討其中的幾點。

飼主提供給球蟒的食物種類繁多,包括大鼠、小鼠、倉鼠、沙鼠、納塔柔毛鼠和雛雞。除此之外,還有其他選項用來引誘不願進食的野生球蟒。通常一旦蛇開始正常進食,就算轉換食物到更方便取得的大鼠或小鼠也不會出現問題。繁殖業者通常販售穩定以大鼠或小鼠為食的球蟒幼蛇。

許多球蟒對食物會產生銘印現象。例如,牠們可能會認為小鼠是食物,但大鼠不是。許多球蟒終其一生只吃小鼠,或者只吃大鼠。也有一些球蟒是出現在眼前的通通都吃,或者大鼠小鼠輪流吃。

球蟒如同其他寵物蛇,需要一整隻老鼠作為正餐。成年球蟒可以吃掉小型大鼠。

因為球蟒經常會挑食,所以最好能餵你的球蟒吃牠習慣的食物。請與賣家仔細確認所購入的球蟒其進食內容與頻率。如果你要餵蛇解凍的老鼠,也應先與賣家溝通,以免把蛇帶回家後才發現牠只吃活的獵物(尤其是如果你住地區無法輕易取得活老鼠)。嚴重警告:「千萬不要為了省錢,而抓野生的大鼠、小鼠或其他小動物給你的球蟒吃。」,這些野生動物除了可能會對蛇進行激烈的抵抗之外,也可能攜帶危險致命的寄生蟲,更別提牠們還會把跳蚤給帶回家。

獵物尺寸

餵食球蟒適當尺寸的食物是非常重要的。球蟒幼蛇吃大型絨毛乳

鼠（剛長毛的小鼠）或者跳跳鼠（稍微長大一點開始四處活動的小鼠）；牠們不吃粉紅乳鼠（剛出生未長毛的小鼠），除非是體型特別嬌小的幼蛇，如雙胞胎蛇。若食物尺寸過小，有可能無法有效引起球蟒的反應；若尺寸過大，球蟒有可能不吃，或在吞下食物的幾天後反芻。反芻可能導致日後球蟒拒絕進食或其他健康問題。請選擇適當大小的食物以避免上述問題。

絨毛乳鼠適合用來餵食球蟒幼蛇。

　　適當大小的食物會讓球蟒的肚子些微突起。成年球蟒每週需要進食適量的小鼠，何謂適量則端看球蟒的體型。2 至 3 英呎長（61 至 91.4 公分）的球蟒每次可餵食兩隻小鼠；3 至 4 英呎長（91.4 至 121.9 公分）則約三到四隻。每次給一隻老鼠，第一隻吃乾淨了再給第二隻。如果你餵的是大鼠或大鼠幼鼠，通常一隻就足夠了。

活食或死食？

　　許多案例中，在餵食時有攻擊反應的球蟒可以被訓練吃解凍或剛屠宰的老鼠。可能的話，最好還是餵球蟒死的食物。這樣不僅減少球蟒被老鼠咬傷的機會，也能確保食物的穩定供應，畢竟有些地區無法經常性地取得活老鼠。老鼠咬傷可能會對球蟒造成嚴峻甚至致命的危害。多

不要打野食

無論如何千萬不要想自己幫蛇抓食物。
野生老鼠體內潛藏的毒素或寄生蟲將使球蟒暴露於危險之中。

數案例中，被閒置在飼育箱過久的活老鼠對球蟒造成嚴重甚至無法挽回的傷害。餵食已屠宰的食物，將確保你的球蟒永遠不會被牠的食物攻擊。如果你的球蟒只吃活老鼠，請務必注意老鼠不可留置箱中超過五分鐘。

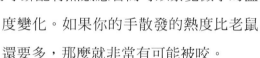

球蟒仍會像對待活食般緊勒已屠宰的獵物。

為了引起球蟒的餵食反應，不同刺激是有其必要的：熱、移動與氣味。在將球蟒的食物轉換為已屠宰或解凍的老鼠時，請謹記此點。建議使用鉗子或止血鉗夾取老鼠給球蟒。用手可能會被咬傷。請記住，你的球蟒配有熱感應唇窩可以察覺微小的溫度變化。如果你的手散發的熱度比老鼠還要多，那麼就非常有可能被咬。

使用鑷子餵食球蟒可減少你被咬傷的機率。請注意粉紅乳鼠因為過小所以不適合作為球蟒的食物。

冷凍老鼠可以用溫水或夏日的陽光輕易解凍。如果要用室外陽光解凍，請注意不要讓烏鴉、渡鴉、狗或者附近的貓靠近食物。此外，請不時查看日曬中的老鼠，陽光下解凍的速度其實十分驚人。

一旦解凍完成，請立刻將老鼠餵給球蟒。此舉可避免有害細菌滋生。冷

凍老鼠保有完整的胃部及腸道，靜置室溫的時間愈久，微小亂源就愈有機會伺機增生。某些細菌若達到一定數量，對蛇類就可能造成傷害。如果使用溫水來解凍老鼠，餵食前請確認老鼠身上無冷凍部分殘留。確認食物已完全解凍，並回溫至適當溫度後，請

在最後擦乾老鼠。此舉可以減少可能黏附在老鼠身上的底材。過濕的鼠毛會黏上許多底材，太多底材則可能導致蛇類拒絕食用該老鼠。

切勿使用微波爐解凍任何尺寸的老鼠。微波爐會將食物從內部煮熟，而蛇類並沒有能力消化煮熟的食物。老鼠體內的溫度若過高也有可能會燙傷蛇的內部。

餵食頻率

你可以一週一次頻繁地餵食球蟒，也可以兩週一次。在球蟒蛻皮時最好不要餵食，因為大部分的球蟒在這段期間並不會進食。經常發生匆忙的飼主在飼育箱內放了老鼠，卻在幾天後發現老鼠還在原處。一經檢查才發現蛇正在蛻皮，甚至遭老鼠咬傷。在放入活老鼠前，請確定你的蛇沒有處於蛻皮時期。

餵食須知

在球蟒進食後的 24 小時內請勿進行把玩的動作。如果你並非在原本的飼育箱，而是其他地方餵食寵物蛇，請溫柔地將吃完飯的蛇移回原處。若動作太粗魯，有可能會讓蛇吐出剛吃進去的食物。

最好不要在餵食前打擾你的蛇。球蟒常會在被清潔或接觸後，拒絕進食。在飼育箱內餵食蛇通常不是難事；但是有些人喜歡在不同的地

避免咬傷

餵食球蟒時，最好能夠使用 18 英吋的止血鉗或鉗子，夾取老鼠至飼育箱或餵食箱中。此舉可以避免飼主被球蟒或者有攻擊性的老鼠咬傷。大部分的咬傷事件都是由於飼主餵食方式不當而造成。

方進行餵食。

一旦你的寵物蛇已經在飼育箱中開始正常進食，那麼視你個人意願，可以開始嘗試在不同地方餵食。如果想要使用不同的容器，請確保其乾淨且密封。如果你的蛇在短時間內無進食動作，請在蛇受傷前儘速移除活老鼠，勿滯留箱中。分開餵食的好處是食物上不會沾附底材，蛇也比較不會咬人（因為蛇不習慣直接掉到飼育箱內的食物）。

餵食的疑難雜症

每年有大量的進口球蟒進入美國境內，許多爬蟲愛好者常常買了一隻帶回家，最後看著牠餓死。球蟒拒絕進食的原因眾多。一為季節因素：許多球蟒會在冬天禁食，特別是習慣自然節氣的野生種。二為過多接觸：野生球蟒需要時間適應人工飼養環境。三為飼育箱內溫度不當：請反覆確認箱內的溫度合宜。最後請確認是否有適當的躲藏窩供球蟒使用。

當居住條件都一一滿足，可嘗試使用不同類型的食物。大多數的進口球蟒會吃沙鼠或納塔柔毛鼠。如果在你居住地區有辦法取得，請試著餵看看你的球蟒。

若球蟒的體重開始下降，則需考慮就醫排除寄生蟲感染或者強迫餵食。強迫餵食最好能由獸醫執行；若球蟒拒絕進食長達數月以上，此為最終手段。球蟒可以在完全不進食的狀態下存活長達六個月至一年，並且只會損失少許體重。因蛇幾週不吃東西就強迫餵食並非明智之舉。

飽足的球蟒在飼主出遊時不需要特別餵食，但需供給充分飲水。

避免餵食的疑難雜症最好的方法是，一開始就向值得信賴的業者購買人工繁殖的優質球蟒。

出門渡假

如果你有其他寵物並且已找好寵物照護服務，出門旅行並不是個問題。照顧者應該可以輕鬆地完成照顧蛇的工作。他只需要確認飼育箱內的溫度穩定並且有足夠的飲水。在飼主出遊期間毋須餵食球蟒。

如果球蟒是你唯一的寵物，便端看你出遊的時間長短，基本上只要留一個比平常更大的水盆就可以了。假設你要出遊一週，若水盆容納一週的水量綽綽有餘，那就把它裝滿；如果不行，那就在飼育箱內多放一個「放假水盆」並裝滿。避免任何可能發生的重大危害事件，你的蛇應當可以安然無恙地迎接你回家。

第五章

健康照護

好消息是，球蟒不像狗和貓等其他寵物，需要例行檢查與疫苗接種，因此，一隻終身健康不曾看過醫生的球蟒確實有可能存在。

最好在球蟒生病或出任何意外之前，就找好兩爬獸醫並與其建立良好關係。

養出健康球蟒的關鍵從選擇一隻健康的球蟒開始。這也是為什麼挑選球蟒會如此重要的原因。挑選一隻人工繁殖、專業育成的球蟒，可以將日後的健康風險降到最低。

讓寵物蛇保持健康是飼主的責任。提供飼育箱中適當溫度並降低蛇的緊迫，有助於減少寵物蛇未來罹病的機會。正確的溫度梯度對蛇的健康來說是不可或缺的，並伴隨充足的乾淨飲水、潔淨的飼養環境以及良好的通風。滿足球蟒所需便可造就一隻健康長壽的寵物蛇。但有時候，意想不到的問題可能會發生，讓你不得不帶著你的蛇跑一趟動物醫院。並不是所有球蟒常見的問題都需要獸醫的協助；若真有必要，可以詢問家中附近的寵物店是否有任何推薦的爬蟲獸醫。

尋找兩爬獸醫

要找到有診治爬蟲經驗的獸醫有時並不容易。
以下幾點建議或許能夠幫助你找到球蟒的救命醫生。
最好是能在意外發生前就掌握醫生的資訊。

- 打給電話簿裡標明「野生」或「爬蟲」的獸醫。問他們一些問題以確認他們確實了解球蟒。
- 詢問地方寵物店、動物收容所或兩爬社團是否有任何推薦的獸醫。
- 通過官網（www.arav.org）聯繫兩棲爬蟲獸醫學會。

內寄生蟲

　　如果你購買的是進口球蟒，記得要檢查蛇是否有內寄生蟲。絕大多數的進口球蟒都有寄生蟲，無論是內寄生蟲或外寄生蟲。常見的內寄生蟲為鞭毛蟲（單細胞生物）、線蟲（蛔蟲）及條蟲。可將蛇的糞便交給獸醫進行檢驗。在收集糞便之前，請聯繫獸醫取得適當的採集容器並詢問正確的採集方法。採集目標為糞便中棕色的部分，而非白色的尿酸。

　　最好能夠分開進行兩次以上的糞檢。寄生蟲或其痕跡並非每次都會隨糞便排出，糞檢有可能第一次呈陰性，幾天後再做一次卻呈陽性。內寄生蟲治療需要獸醫開立處方箋。請遵循用藥指示以徹底清除內寄生蟲。

外寄生蟲

　　外寄生蟲寄生於動物體表。野外的球蟒身上可能會有不少蜱附著；人工飼養的球蟒身上最常見的外寄生蟲則是蟎。兩種類型的寄生蟲都能相當輕易地根除。

蜱

　　過去在球蟒身上經常可發現蜱。如今仍可在進口的球蟒身上發現蜱，不過由於蜱的防治在非洲愈做愈好，也就不像過去那麼常見了。

球蟒鱗片上的蜱（上圖）。蜱在吸血膨脹之前往往很難被察覺。以一分錢作為比例尺的蜱大小（下圖）。

關於蟎蟲

蟎的物種超過 30000 種以上。不過只有蛇蟎（*Ophionyssus natricis*）一種會寄生在蛇身上。蟎有物種專一性，意指蛇蟎並不會感染人類。然而，蛇蟎可能會跟著晚餐老鼠回家。當成年雌蟎離開原宿主尋找新宿主時，該情形就會發生。在集體感染的寵物店，蟎可以藏在小鼠的皮毛裡並搭著順風車一起回家。牠們並不會吸食小鼠的血，只是利用小鼠作為尋找下一個爬蟲宿主的媒介。

蜱會將頭部埋在蛇鱗片間的皮膚中吸血。蜱用鑷子就能簡單地移除：用鑷子緊緊地夾住蜱的頭部後方，儘量靠近球蟒的鱗片。鑷子不要施力過度，以免在從蛇身上移除之前就被夾爆。輕輕地往後拉並將蜱扭離皮膚。之後在蜱附著的地方塗上抗生素軟膏。

如果蜱卡在眼眶周圍，請務必謹慎移除。眼睛周圍的組織特別脆弱，若操作不當可能會對蛇的雙眼造成傷害。你也可以塗抹凡士林在蜱的背上；這或許可以使其鬆開皮膚，且用鑷子移除時應該能更加順利。若你不確定是否有能力在不弄傷蛇的情況下移除蜱，請求助獸醫。

一旦蜱從蛇身上移除，請確實處理並拋棄之，包括以適當的殺蟲劑噴灑蜱（請不要噴到蛇），或將其放進含藥用酒精的容器中。如果球蟒身上有若干蜱，請在移除工作開始前準備好裝蜱的容器。請依據使用說明以個人偏好的殺蟲劑噴灑該容器。在所有蜱都移除後記得把蓋子蓋上。

蟎

蟎是常見的蛇類外寄生蟲。可以將牠們想像成蛇身上的跳蚤。蟎可以寄生於任何蛇類，球蟒也不例外。蟎比蜱小，移動速度也更快。牠們常寄生於球蟒的眼窩周圍，或者是下巴底部延伸至下頜骨中央的皮膚皺褶（該部位被稱為 *mental fold* 或 *mental groove*）。

嚴重感染蛇蟎的球蟒會躺在水盆裡嘗試淹死身上的蟎。球蟒身上也會出現「小白點」，其實就是蟎的排泄物。當你抓起一條感染蟎的球蟒，可以看見蟎爬滿蛇身，也可能爬到你的手上。蟎是繁殖機器，從一隻蟎變成上百隻甚至上千隻不消一時片刻。成年雌蟎會出外尋找新的蛇宿主。

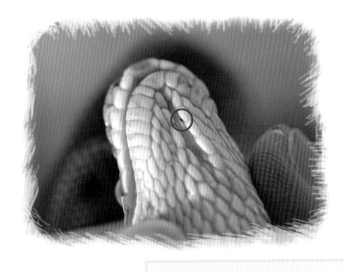

蟎（紅圈）常常會躲在球蟒下頜的皺褶處，或者其他狹窄的地方，如排泄孔及嘴角。

務必根除球蟒及飼育箱中的蟎。蟎蟲對蛇不僅僅是干擾，更對健康有害。感染大量蟎的球蟒可能會拒絕進食，小球蟒甚至會因嚴重貧血而死亡。大量的蟎在蛇身上會吸盡其過多的血並導致蛇死亡。根除蟎並不困難，選用市面上任一針對蟎防治所製造的商品，並確實遵照使用說明即可。

拒絕進食

球蟒最常見的健康問題就是不願穩定進食或完全拒絕進食。此問題常見於進口的成年球蟒，因為牠們尚無法辨別家鼠為食物。針對牠們，最好的方法就是提供適當的躲藏窩、合宜的溫度、乾淨的水源、安靜的環境，並讓牠們好好靜靜。傍晚時可以嘗試給予牠們不同的食物。通常當蛇準備好要進食，會將頭探出來，窺視並等待獵物經過。沙鼠通常能夠引起進口球蟒的食慾；納塔柔毛鼠大多也能成功完成誘食的任

目前球蟒最常見的問題就是餵食方面的困難。在購買球蟒之前，請務必確認蛇過去的進食內容與頻率。如果你希望你的蛇能吃解凍的老鼠，應清楚告知賣家你有此需求。再搭配適當的飼養，寵物蛇應該就能頭好壯壯。

務。當蛇開始正常穩定進食後，再將食物換成更容易取得的大鼠或小鼠。

飼養管理

長期人工飼養或人工繁殖的球蟒也有可能突然停止穩定進食。如果不是季節變化的關係——很多球蟒冬天會禁食——而你的球蟒卻開始拒絕吃東西，那麼很可能就有問題了。注意懷孕的雌蛇通常都會停止進食，故請排除該原因 （詳見第六章：繁殖）。

緊迫是造成球蟒拒絕進食最大的原因。面對一隻不吃飯的球蟒，找出解決辦法並鼓舞牠進食可說是難上加難。

要找出蛇拒絕進食的原因，最好可以使用刪去法。首要之務是檢討飼養管理問題。溫度是否適合蛇的大小？請記住幼蛇不像成年蛇，溫度不需要太高，最佳的熱點在華氏 85 度 （攝氏 29.4 度）。是否有躲藏窩？躲藏窩可以提供球蟒安全感，而這正是大部分球蟒所需要的。是否有新鮮的水供蛇飲用？有時僅僅是幾天沒有新鮮的水，就能導致球蟒拒絕進食，尤其當你居住的環境特別乾燥時。球蟒是否有自己的活動範圍，或者跟其他球蟒住在一起？通常球蟒養在一起並不會發生問題，只不過之中常常會有那麼一隻球蟒不吃東西。若發生上述情形，請將你的蛇分開並妥善照顧。

其他原因

當所有飼養管理問題都檢查並矯正後，若球蟒進食的問題仍未改善，那麼就需要著手探討其他可能的原因。過度把玩球蟒可能造成緊迫

並使球蟒拒絕進食。在你的蛇開始穩定進食前，請勿把玩牠；穩定進食後，可以從一天把玩幾分鐘開始。切勿在餵食當天把玩你的蛇。如果你的蛇持續穩定進食（蛻皮期間除外），你可以逐步增加接觸的時間。這是一個循序漸進的過程，把玩蛇也有其必要性，藉此讓牠習慣飼主與其手法。如果你的球蟒停止進食，就暫時先不要把玩牠，直到球蟒重新恢復進食。就在此時，你也可以再次重啟讓球蟒適應環境的步驟。

你的蛇是否要蛻皮了？通常當球蟒要進入蛻皮週期時，便會停止進食直到蛻皮成功。季節是否正在由秋轉冬？許多成年球蟒會在冬天禁食直到春天來臨。禁食行為可能會嚇到新手飼主，但實際上禁食不會對蛇造成傷害，禁食期間體重的變化也不大。我曾照顧一隻球蟒將近35年，每年牠都會固定禁食六或七個月。一開始我也十分擔憂，不過因為牠每年都這樣做，所以我也就耐心等待春天到來再開始餵食。

另一個球蟒常會發生的問題是，當幼蛇增重達 800 至 900 公克（28.2 至 31.7 盎司；蛇的體重通常以單位較小的公克表示較為準確）時有可能會停止進食。這段期間，蛇的體重並不會減少太多，但對飼主來說可能會是個相當受挫的時期，尤其是當你計畫將蛇增重配種時。蛇可能會不吃東西六個月甚至更久。當

過度把玩球蟒可能導致球蟒因緊迫而拒絕進食。

球蟒的創傷症候群

球蟒有可能在被老鼠咬傷後拒絕進食。若不幸發生，
球蟒會需要一些時間才能恢復自信並穩定進食。事先屠宰或解凍的老鼠可
以避免這種狀況發生。

上述情形發生，毋須過度擔心，保持耐心並時不時拿老鼠引誘球蟒。有
時球蟒會突然改變偏好的食物，從大鼠變小鼠或者反過來。當其他條件
不變，寵物蛇卻拒絕進食的時候不妨想想這點。

繁殖雄蛇

務必看緊繁殖季節中的雄球蟒。雄球蟒大多在繁殖季節仍會穩定
進食，但偶爾也會發生拒絕進食的情況。請務必注意任何拒絕進食的發
情雄蛇，否則體重有可能開始急遽下降。若沒有及時處理，雄蛇可能死
亡。將停止進食並失重的雄蛇屏除在配種名單之外，移至單獨飼育箱並
提供比平常小隻的老鼠。若飼育箱內沒有躲藏窩，也請幫蛇準備一個讓
牠感覺安全。此舉有可能幫助蛇恢復進食。

如果嘗試幾次誘食都失敗，就需要強迫餵食雄球蟒。記得找一個
朋友協助你，有人幫忙握住蛇的身體，強迫餵食會進行得比較順利。強
迫餵食的操作細節請參照第六章幼蛇照護的部分。溫柔地餵食雄球蟒一
隻絨毛鼠後將其放回箱中。約一週之後，再嘗試給球蟒一些小型食物。
若球蟒成功吃下且沒有反芻，接下來一個月都請給這樣的小型食物。當
牠回復穩定進食後，再將食物換成原本的大小。該繁殖季節都請不要再
嘗試以該球蟒配種；若隔年雄球蟒成功增重並狀況良好，則可再度繁
殖。

燒燙傷

當球蟒接觸到過熱的表面或在過熱的區域休息太久時，就會發生燒燙傷。燒燙傷會由保溫燈、過熱的加溫石，或者沒有加裝恆溫器或變阻器的加熱墊所引起。

使用加溫石為球蟒保溫並不恰當。如果飼育箱內的空氣溫度過低，蛇就不會感到溫暖，並有可能為了保暖將自己捲在岩石上。冷空氣會讓蛇一直反覆地窩在岩石周遭以保持身體溫暖，最終燙傷自己。

使用加熱墊時務必使用變阻器或恆溫器，幫助你調節其散發的熱度。如果要使用燈泡或陶瓷燈，一定要避免讓蛇直接接觸燈的表面。

燒燙傷一開始會在腹部泛紅；腹部是最容易燙傷的部分。注意不要將燙傷與蛻皮搞混。蛻皮週期初期時，球蟒的腹部常會略呈粉紅色，誤導飼主以為是燒燙傷。隨著進程發展，燙傷部位會慢慢變成褐色並出現滲出液，鱗片也有可能會開始剝落。即便是最輕微的燒燙傷你都應該要尋求獸醫的協助。

不適當的加熱設備，如加溫石，最容易導致球蟒燒燙傷。

如果你的蛇燙傷了，請將底材換成不容易沾黏傷口的類型。廚房紙巾或報紙在蛇的復原期間可充當好用的暫時底材。在此期間蛇會蛻皮數次，也有可能會拒絕進食。請提供蛇充足的水分，並小心不要讓牠脫水。復原期間請遵照獸醫的指示。避免燒燙傷最簡單的方法就是使用適當的加熱設備。

老鼠咬傷

老鼠咬傷對球蟒所造成的危害不容小覷。放進飼育箱中的活老鼠若無人看管，即便時間很短，都有可能會對球蟒造成非常嚴重的傷害。小鼠和大鼠都有啃咬球蟒的紀錄。啃咬部位如背脊或尾巴都很常見。這些案例中，也不乏見骨的傷勢。被咬傷的球蟒需要獸醫的協助。依據咬傷的嚴重程度，有時即便是小咬傷都得看醫生。可以的話，最好還是訓練你的球蟒吃解凍或事先屠宰的老鼠，以排除咬傷的問題。

圖中球蟒背上的疤痕就是老鼠咬傷所留下的。餵食已屠宰的獵物可以避免類似的意外。

咬傷部位有可能會感染、化膿。如此一來便需要獸醫劃開膿瘍並治療感染。爬蟲類的膿瘍主要是固體成分，與哺乳類較為液態的膿瘍有異。也因為是固體，需要手術才能移除。

另一個值得注意的問題是老鼠尖銳的爪子。爪子也有可能會破壞球蟒的鱗片。當老鼠不斷爬到球蟒身上想要逃跑的時候，就有可能造成鱗片損傷。鱗片損傷需要經過數週以及數次的蛻皮方能復原。老鼠爪子也有可能對鱗片造成不可逆的傷害。

監控與預防

監控餵食的活獵物是再重要不過的了。的確，從進口球蟒身上的疤痕來看，野外的蛇即便遭受攻擊似乎也不是什麼大不了的事。然而，人工飼養的蛇並不需要疤痕來證明自己。可以的話，為了杜絕老鼠咬傷的意外，儘量讓你的蛇改吃已屠宰或解凍的老鼠。

呼吸道感染

跟人一樣，球蟒在緊迫時更容易遭受呼吸道感染。緊迫會由許多不同原因引起：新鮮飲水不足、溫度不當、把玩過度、無躲藏窩、飼育箱太髒、蟎感染、配種、新飼育箱等。大部分要等到蛇開始發出喘息聲，感染問題才會被發現。在嚴重的案例中，可以看見球蟒抬起頭部靜坐，或者在飼育箱壁發現黏液沾黏。蛇在呼吸時會發出大聲的水聲，黏液也會從口部滲出。

呼吸道感染需要獸醫診治並為蛇開立抗生素。請測試確認感染的病原為何，以確保拿到適當的抗生素治療感染。為了加速蛇的新陳代謝，也可能需要暫時提高飼育箱內的熱點，同時能幫助藥效及蛇的免疫系統發揮作用。如果你的獸醫建議你提高溫度，請遵照指示。這段期間務必提供蛇充足的新鮮水源以避免脫水。

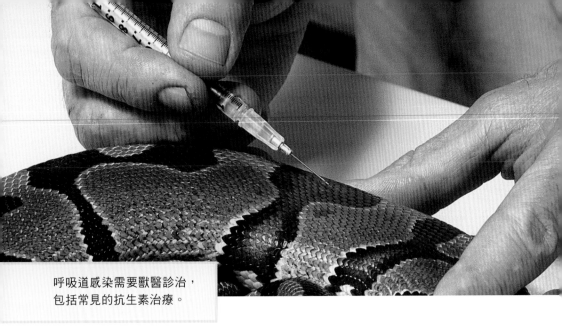

呼吸道感染需要獸醫診治，
包括常見的抗生素治療。

嘔吐

　　嘔吐是非常嚴重的問題，有可能因為下列不同原因所引起：保溫失當、餵食後馬上把玩、食物太大、食物品質不佳或腸胃炎。腸胃炎是由原蟲、細菌或環境管理不當所引起的消化系統失調。

　　當蛇嘔吐時，請再次確認溫度是否適當，以及其他飼養管理條件是否正常。幾天後，試著餵蛇比平時小一些的食物並補充腸道益生菌（部分寵物店及獸醫院有販售）。如果蛇仍舊拒絕進食，一週內再試試其他更小的食物。接下來至少一至兩個月，都請繼續餵蛇小型食物。若蛇不再嘔吐，大致上就沒有問題。若嘔吐情形再度發生，則有必要到獸醫院檢查以找出病因。如果有刺激胃部的寄生蟲或細菌，獸醫會開立處方以減緩症狀。

　　如果你剛換了冷凍老鼠的供應商，那麼也有可能是收到不良品。當球蟒吃到腐敗的老鼠，一般會在幾天後反芻。某些案例中，蛇會在之後迅速蛻皮，並在蛻皮完成時喪失一部分體色。至於為何體色會喪失，原因目前不明。

蛇蛻沾黏

　　蛇蛻沾黏聽起來並不是病，但若沾黏部分未妥善移除也可能演變成健康問題。蛇蛻沾黏是濕度不足或脫水的徵兆（詳見《第二章：飼養環境》中飼養管理與蛻皮部分）。不完全蛻皮可以引發諸多問題。有時候，蛇蛻一開始能順暢地沿著蛇體脫落，但卻中途停下，在蛇身上形成一個緊扣的環膜。這層環膜有可能造成蛇拒絕進食，或是阻礙環膜下游的血流。這樣的情形有可能會造成嚴重甚至致命的傷害。

　　尾巴末端脫落不完全的蛇蛻會不斷累積，壓迫造成血液灌流不足，最後壞死分離。同樣情形也會發生在泄殖腔棘。泄殖腔棘的基部常可見到脫落不完全層層堆疊的死皮。歷時一久，這些死皮將造成泄殖腔棘壞死剝離。為避免損傷，沾黏在泄殖腔棘基部的皮膚必須徹底浸濕並移除。

　　球蟒偶爾只會部分蛻皮。飼主應移除寵物蛇身上的殘留蛇蛻。若未妥善移除，蛇蛻會持續累積，並對下方的鱗片造成傷害。

　　請使用濕潤的布或其他專為移除殘留皮膚所設計的布料來移除蛇蛻。使用微溫的水浸濕並讓蛇緩緩爬過布料。蛇蛻通常會在蛇經過後脫落於布上。有時遇到十分頑固的死皮，則必須用手小心地將其剝除。使用大量清水的效果最佳。用微溫的水把蛇弄濕，並輕柔地搓揉皮膚使其脫落。某些案例中，有可能會需要將欲處理的部位放置於水流下方，並

衛生，衛生，還是衛生

當你的蛇出現不正常的糞便或反芻現象，
請徹底清潔飼育箱或甚至蛇本身。清理掉在蛇身上發現的糞便或殘留的食物。可以使用溫和的洗碗肥皂——但注意不要讓肥皂水進到蛇的口中。把蛇放回乾淨的飼育箱前，請仔細沖洗並擦乾蛇。

同時進行搓揉的動作。

　　殘留在眼睛的蛇蛻也請務必移除。若蛇蛻在眼睛上累積，最終將導致眼部受損。一般使用沾濕的棉棒，或者你也可以使用沾濕的手指，輕柔摩擦眼睛表面即可移除蛇蛻。蛇蛻通常一下子就會剝落了。

　　移除前請確認該物確實為眼部殘留的蛇蛻。通常若觀察到與另外一隻眼睛不同的顏色，即可辨別為蛇蛻。有時也可以透過眼周殘留蛇蛻的邊緣來分辨。請依據上述線索做出正確判斷。呈凹陷或有皺褶的眼睛並不是殘留蛇蛻的特徵。若眼部蛇蛻頑固難以移除，則有必要前往獸醫院尋求專業協助。

　　預防蛻皮不完全最好的方法，是提供球蟒適當的濕度與充足的新鮮水源。這並非表示飼育箱內需要準備極為巨大的水盆，基本上適當尺寸的水盆就夠用了，而是水盆裡必須一直有乾淨的水。乾淨的水可以促進蛇保持適當水合，成為蛻皮成功的第一道防線。

　　飼育箱內維持濕度純屬不易的情況下，準備一個蛻皮窩或許是最好的解決辦法。蛻皮窩的相關討論請詳見第三章的蛻皮部分。

下痢

　　球蟒的糞便主要由兩個部分所組成：白色的尿酸與褐色的糞便。球蟒的糞便未必每次都會隨尿酸排出；有時候只會排出尿酸。健康球蟒的尿酸應該呈白色固體狀。尿酸若帶綠色可能表示球蟒有健康問題，

眼部有殘留蛇蛻的球蟒。若發現此種情形，請務必小心地移除死皮以避免弄傷眼睛。

需要接受獸醫診治。

褐色部分的糞便應該要成形。鬆散、水分過多、帶有異味以及沾黏飼育箱周圍的糞便，皆表示你的蛇可能有內寄生蟲。不當的溫度、緊迫以及禁食後的第一餐也都有可能造成鬆散的糞便，但一般不會有強烈的惡臭。請攜帶糞便樣本到醫院讓獸醫做內寄生蟲的篩檢。內寄生蟲若不妥善處理，有可能會對蛇的內臟造成無法彌補的傷害。請小心遵照獸醫的醫囑，確保寵物蛇得到應有的醫療照護。

雖然並不常見，但球蟒偶爾還是會發生口腔潰瘍。此時需要獸醫介入治療。

口腔潰瘍

口腔潰瘍（正式點稱為傳染性潰瘍性口炎）偶爾可以在球蟒身上看到，但並不常發生。最常見的原因為口腔傷口或卡在嘴裡的碎片。此外，有些球蟒會反覆攻擊玻璃外移動的物體或人影。尤其是一些在野外捕捉，容易緊張且尚未熟悉人工飼養環境的成年球蟒。球蟒若一直持續這樣的行為，最終常會傷到嘴巴並繼發口腔潰瘍。請務必避免讓蛇的嘴巴受傷。若有必要，應遮蔽飼育箱前方的視線直到蛇習慣新環境。

有時候，底材可能會卡在牙齒與口腔皮膚的中間。若未妥善移除，將會刺激口腔並引發健康問題。如果你使用紙以外的底材，請在蛇進食後確認沒有碎屑卡在蛇的嘴裡，以避免問題發生。

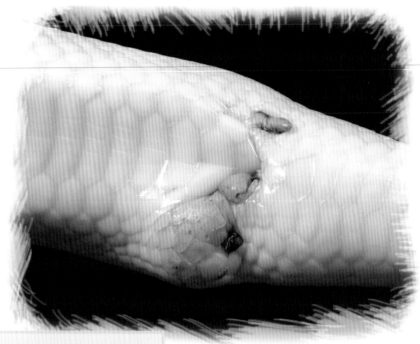

因過度配種造成的半陰莖感染。若想進行繁殖，請確認你有數量足夠的雄球蟒。

口腔潰瘍可能造成掉牙，嚴重者甚至傷及下頜骨結構。如果你懷疑你的蛇罹患口腔潰瘍，請儘速就醫。口腔潰瘍的早期症狀包括明顯紅點、牙齦斑點、口水分泌過度以及嘴裡出現黃色起司狀物。罹患口腔潰瘍的球蟒可能會因為進食造成的疼痛而拒絕吃東西。

半陰莖感染

半陰莖感染通常在兩種情況下發生：一為過度使用該器官，二為意外將異物吸入體內。半陰莖可折疊收納入雄蛇尾部的體腔中。從雌蛇身上拔除半陰莖的過程通常可以清掉可能卡在上面的碎屑。當這個機制失靈，底材碎屑就有可能隨著半陰莖進入體腔中，並造成該區感染。其中一個避免此狀況的方法是，讓蛇在紙上交配。

過度使用該器官，指的就是字面上的意思，一隻雄蛇有能力跟很多隻雌蛇交配，並不代表你就應該讓牠這麼做。許多繁殖業者盡其所能地利用雄蛇，卻不明白背後可能造成的傷害，只為了將必須購買與照料的雄球蟒數量降到最低。當雄蛇交配過度，泄殖腔附近的區域將形成疝氣組織。嚴重案例中，該區域會嚴重變形導致半陰莖完全無法作用。想解決問題就必須手術，且未必所有的獸醫都有能力保全半陰莖，許多獸醫會選擇直接切除。移除泄殖腔周圍的疝氣與（或）感染組織以及半陰莖旁所有異常組織都所費不貲。在交配季節讓你的雄蛇與雌蛇配種前，請想想這筆驚人的花費。有關育種計畫中所需的雄球蟒數量，請詳見第六章。

其他疑難雜症

球蟒身上有可能發生許多疑難雜症，以下介紹幾種雖不常見，但相較之下較有可能發生的健康問題。

脫垂

脫垂就是當原本應該位於體腔中的組織露出體外。泄殖腔脫垂與半陰莖脫垂都有可能發生。兩者都需要立即治療。脫垂在體外的組織應保持乾淨與濕潤。除非你對處理蛇與蛇類疾病有數十年以上的經驗，否則你最應該做的就是盡快將你的寵物蛇帶到獸醫面前——此為緊急事件！

脊椎損傷

有時候，不幸的意外也可能降臨在球蟒身上，例如不小心被摔到水泥地板上，或者被門板或飼育箱的蓋

檢疫

根據你飼養的寵物數量，可能會有需要視蛇的狀況設立檢疫區。有呼吸道感染、下痢、不明原因反芻以及蟎感染等狀況的蛇都必須檢疫。球蟒檢疫相關細節詳見第二章。

把玩蛇之前與之後，都務必清潔雙手以避免病菌互相傳播。

子夾到。球蟒是十分有韌性的，牠們擁有非常驚人的生命力。然而，若傷勢嚴重到蛇體部分癱瘓，最人道的處理方式就是請獸醫為牠進行安樂死。有時傷勢會復原，並僅造成蛇體輕微變形。只要不影響到食物與排泄物通過身體，蛇一般都不會有問題。

不過蛇的脊椎有時也會持續收縮導致蛇體扭曲變形。若出現上述情形，你就必須想一想怎麼做對蛇才是最好的。

難產

過去十五年來有數以萬計的蛇蛋在我工作的機構裡誕生，之中只有兩隻雌蛇曾經有過難產的問題。如果你懷疑你的蛇在下蛋後仍有蛇蛋滯留體內，請求助獸醫進行手術移除殘留的蛇蛋。

鼻頭磨傷

有時候，某些球蟒會不斷摩擦鼻頭，或者用力擠在飼育箱的小角落導致皮下感染。感染的區域需經由獸醫手術移除。我們曾見過球蟒幼蛇不斷摩擦飼育箱內的粗糙表面，通常會在通氣孔附近，直至吻部鱗片因過度摩擦而脫落的案例。故請務必確認球蟒飼育箱中沒有粗糙的表面。

沙門氏菌

　　沙門氏菌對爬蟲愛好者或反對爬蟲飼養的人來說都是非常具話題性。反對飼養爬蟲與兩棲類作為寵物的人時常會誇大其危險性。我曾經多次被問過飼養球蟒是否會害他生病。我的回答是，比起寵物蛇，你經由食物感染沙門氏菌的機會更大。我和我的家人已經飼養爬蟲動物超過二十個年頭，我們從未因牠們而感染過沙門氏菌。

　　不過當然，爬蟲類確實有可能是沙門氏菌傳播的媒介。所以無論你養的是什麼寵物，都應該維持良好的衛生習慣。在把玩你的蛇或清理飼育箱後，都應確實以肥皂和溫水洗手。請不要讓寵物蛇爬過處理食物的檯面或者你用餐的桌面。請不要在把玩蛇的同時吃喝東西或吸菸。如果你讓蛇在你的浴缸裡游泳，記得要在使用完畢後徹底清潔。請親朋好友在把玩你的寵物蛇之前與之後，都務必用肥皂與溫水洗手。特別注意會無預警地將手放進嘴裡的年幼孩童，善盡本分以確保你和你的家人不會成為製造爬蟲傳播沙門氏菌等負面形象的幫兇。

第六章

繁殖

繁

殖球蟒將為你開啟一個全新的世界與挑戰——從配種成功到第一窩蛋，以及親眼見證幼蛇從蛋裡探出鼻頭來，無一不讓人興奮！每年看著寶寶出生，讚嘆牠們身上不同的顏色花紋，是多麼有趣的一件事。希望你也有機會與我們一同體會繁衍球蟒家族的樂趣。

分辨性別

在開始嘗試配種之前，首先必須分辨球蟒的性別。球蟒不像其他蚺蛇和蟒蛇能依據泄殖腔棘的大小精準判定性別。球蟒無論雌雄都有泄殖腔棘，形狀可為長細可為粗短，均無關性別。在泄殖腔或排泄孔的兩側都能發現這些小突起。成年雄蛇的泄殖腔棘會磨損，甚至可能因為殘留蛇蛻在基部累積過多而脫落。泄殖腔棘也可能因為過度刺激雌蛇而剝離。

成年球蟒的性別多半以探針判定。將鐵製探針放入蛇的尾部，雄球蟒的深度平均為八到十個尾下鱗（蛇尾底部位於泄殖腔後的鱗片）；雌蛇平均為四到五個尾下鱗的深度。請注意這只是一般情況——部分樣本的深度可能不及上述標準。有些雌蛇的深度可以達到七個尾下鱗，而有些雄蛇只有四個鱗片的深度。

如果你購買了一條未知性別的蛇，可以請在地的獸醫為你判定。絕大多數的繁殖業者都販售已知性別的蛇。

球蟒幼蛇的性別大部分直接由手動翻出半陰莖確認；這個動作被稱為「推出（popping）」。透過溫和擠壓泄殖腔後蛇尾的動作讓半陰莖顯露出來。這個動作

雖然雄蛇的泄殖腔棘通常比雌蛇長，但這並不是判定性別的可靠依據。圖為一條雌蛇的一對泄殖腔棘，一邊長且一邊斷裂。

判定球蟒性別最準確的方式為使用探針。請教經驗豐富的人為你示範如何執行這項精密的動作。

必須由經驗豐富的人操作，因為翻轉半陰莖的過程中很容易弄傷蛇。

事前準備

一旦確認蛇的性別後，就可以開始讓牠們做好配種的準備。首次配種的雄蛇在體重達 700 公克或約 1.5 磅時表現最佳。雄蛇要長到那麼大通常需要一年半左右；首次交配的雌蛇應重達 1500 公克或約 3 磅左右，需費時三年不等。隨著雌蛇與雄蛇的成熟，牠們的身體會自然地變長。較長的雌蛇若想生下健康的後嗣，體重就必須超過 1500 公克。針對雌球蟒身長與體重的量表顯示，長達 4 英呎 （3.5 公尺） 的雌蛇體重需超過 1500 公克方能產下可存活的蛇蛋；雌蛇極有可能必須增重至 2200 公克或約 4.5 磅。任一雌蛇產下健康蛇蛋的能力與身上儲存的脂肪量有直接關係。過多或過少的脂肪都會阻礙濾泡正常發育。

當蛇達到適當的尺寸與年齡，就可以開始考慮配種了。一般認為人工飼養的球蟒為無季節性繁殖。意指牠們可以在一年當中的任何時候進行配種。不過大部分的繁殖業者傾向在白晝短、環境氣溫較低的冬天配種。請勿讓球蟒冬眠，此舉將招致死亡。球蟒僅需要在繁殖季節期間短暫冷卻。最好在進行配種前一個月左右開始冷卻你的球蟒。這段期間，白天環境溫度可設定為近華氏 75 度 （約攝氏 23 至 25 度），夜間則降溫至近華氏 70 度（約攝氏 20 至 22.5 度），並維持飼育箱內的熱點。白天熱點可設為華氏 90 度 （華氏 32.2 度），夜間調為華氏 80 度 （攝氏 26.7 度）。

交給專業的來

蛇的性別應該交由經驗豐富的人來判定。若你在無適當訓練與工具的狀況下自行操作，可能會得到錯誤的結果或誤傷你的蛇。

球蟒不冬眠

請勿讓球蟒冬眠。球蟒的原生棲息地並無嚴冬，球蟒本身也不耐低溫。適當的冷卻對於刺激球蟒的繁衍行為確實有其必要性，但千萬不要像冷卻其他耐寒的蛇一樣冷卻球蟒，如玉米蛇。

仔細觀察蛇的行為，若蛇一直待在箱內低溫的地方，則應些微調降溫度。蛇的行為將透漏重要資訊幫助飼主擬定一個有效率的繁殖計畫。繁殖季節最早可以在九月開始並延續至五月。北半球的球蟒一般在十月至三月之間進行繁衍；南半球則為五月至十月。

配種

配種時可以將雄球蟒放入雌球蟒的飼育箱中，相反也行，只要能讓兩蛇順利完成交配即可。繁殖期間，最好能讓兩蛇在紙製品上交配，如報紙、襯墊或瓦楞紙。雄蛇有時候會不小心將底材連同半陰莖一起收回。紙製底材可以降低半陰莖在收起時將異物帶回的風險。異物有可能會引起半陰莖發炎或導致感染。

求偶與交配

一條雄蛇最多可以與五條雌蛇交配。實際數目可能可以更多，但五條是非常務實的數字。球蟒的交配行為可長達 24 小時。在交配之前，雄蛇會對雌蛇求偶。雄蛇會爬到雌蛇身上並且用身體的下三分之一摩擦雌

只有健康狀況良好且體重達標的球蟒才能被用來配種。這條焦糖白化球蟒看起來就是個理想的候選人。

蛇。除此之外雄蛇也會用泄殖腔棘摩擦雌蛇。

發情的雌蛇會將尾部高舉或讓雄蛇舉起牠的尾巴以進行交配。發情雌蛇的濾泡會開始發育，並散發適當的賀爾蒙刺激雄蛇求偶。高舉尾部之後接著就是交配。交配發生於兩蛇尾部彼此交纏時。若雌蛇未被成功挑逗，牠會強烈搖晃尾巴，甚至將意圖交配的雄蛇甩飛。當你看到雌蛇有此反應，代表現在不是牠配種的正確時機，請將兩蛇分開等待幾週後再度嘗試。

一旦交配完成，請將兩蛇分開。繁殖期間可以將兩蛇放在一起無數次，以確保至少有一次的交配是成功的。雖然一條雄蛇有能力與數條雌蛇交配，但並不建議讓雄蛇竭盡所能地與雌蛇交配。交配過度有可能引起雄蛇的半陰莖及周圍組織感染。治療未必一定需要手術，但有時仍需移除感染組織，且手術所費不貲。請注意雄蛇的狀況並記住，雄蛇有能力交配是一回事，應不應該這麼做又是另外一回事。

白化球蟒與蜘蛛球蟒的交配。

繁殖期餵食

儘管球蟒在繁殖季節會遭遇較低的溫度，牠們仍舊可以按時進食。隨著溫度降低，食物的體積也應跟著縮小。這段期間務必看緊欲配種的雄球蟒。雄球蟒的體重在繁殖期間可迅速下降，過去曾有小型的雄球蟒因交配過度而死亡的案例。大型的雄球蟒也可能會有問題；某些蛇會因喪失太多體重而開始每況愈下，拒絕進食並出現鬆軟不成形的糞便。若無法及時察覺異狀，將導致雄蛇早夭。每況愈下的雄球蟒需立即接受治療。將牠們從繁殖名單中剔除並嘗試餵食。如果球蟒在幾次嘗試後仍然拒絕進食，便有可能需要協助餵食或者更換小一點的食物，例如絨毛鼠。更多相關討論詳見第五章。

請嚴格監控雄球蟒的體重變化。很多人只強調雌球蟒的體重對於濾泡發育的重要性，卻忘了配種對雄球蟒而言也是一種負擔。務必確認你的雄球蟒已為即將到來的繁殖季節做好準備。在配種期間遭遇困難的雄球蟒可能需要長達一年的時間才能完全康復。

球蟒每窩平均可產下六顆蛋，實際數目變化極大。

受精與妊娠

雌蛇體內通常全年均可見濾泡（卵或未成熟的蛋），但體積甚小。體重、溫度以及其他環境因素都會影響雌蛇體內的濾泡發育。雌蛇可以在從未接觸雄蛇的狀況下孕育大型濾泡。然而，若雌蛇未隨即與雄蛇接觸或成功交配，這些濾泡將被身體吸收。濾泡重吸收是

與其他球蟒一樣，雌球蟒也會蜷起身子孵蛋。

頗為漫長的過程，可耗時數個月直至濾泡完全被吸收。

如果交配成功，雌蛇體內的濾泡將繼續發育。當濾泡達到一定尺寸，雌蛇將開始拒絕進食。這段時期內，請務必確保雌蛇身處適當的溫度以利濾泡發育。雌蛇可以「扣留」濾泡直到狀況有利排卵。微小的一度溫差都有可能是刺激排卵的關鍵。

精液可以留在雌蛇體內長達數個月直到正式受精。受精在排卵的過程中發生。排卵指的是卵由卵巢濾泡中被釋放出來。被釋放出來的濾泡會進入輸卵管。排卵並不會持續太久——通常只有一天——很容易就會錯失良機。雌蛇排卵時，下三分之一的身體會開始膨脹，看起來彷彿剛剛飽餐一頓。有些雌蛇的排卵動作非常明顯，有些則較難觀察到。若你有幸目睹雌蛇排卵，一定會感到非常有趣。你將親眼看見雌蛇擺動身體將排卵的濾泡移動至輸卵管的樣子。

卵在排出與受精後會形成殼。當濾泡形成殼，即無法再被吸收。雌蛇一旦排卵，就無須再與雄蛇交配。排卵後，雌蛇會開始尋找窩內溫

暖的區域。雌蛇在進行溫度調節的過程中,可能會仰躺或者以怪異姿勢躺在飼育箱中。排卵三週後,雌蛇會進行產蛋前的蛻皮。雖十分不常見,但有時雌蛇也可能不會進行產前蛻皮,此為例外,而非常例。在產蛋前蛻皮結束後,雌蛇通常會在平均 30 天左右產下蛇蛋。若雌蛇周圍環境溫度較低,則時間可能延長,若環境溫暖,也可能提前產蛋。

築巢

每條蛇都是獨立的個體,球蟒也不例外。有些雌蛇不需要產蛋箱,有些雌蛇則會來回巡視飼育箱內適合下蛋的地方。若你的蛇為後者,便需要準備產蛋箱。產蛋箱的大小要合乎雌蛇的飼育箱尺寸,並擺在對飼主與雌蛇都方便的位置。在產蛋箱裡放一些泥炭蘚。注意苔蘚的濕度,不要讓其乾掉或發霉。苔蘚應該要保持濕潤,但不可過濕。

產蛋的過程需要好幾個小時。通常雌蛇會在清晨或傍晚

孵化於蛭石上的球蟒蛋。這些蛋開始皺縮,表示其接近孵化或者過於乾燥。

的某個時間點產下蛇蛋。飼主往往會在早上起床時發現雌蛇蜷縮著，安然地包圍著蛇蛋，或者剛剛下完所有的蛋。偶爾，雌蛇也會在白天下蛋。此雖屬例外，但你永遠也不知道你何時會遇到。最好能在早上及傍晚都關心一下預產的雌蛇。若你剛好撞見雌蛇正在下蛋，最好別打擾，讓牠獨自安靜完成。產蛋中或產蛋後的雌蛇可能具有頗強的攻擊性。

有時候，雌蛇只會產下一顆蛋，並在幾天或甚至一週後，才產下其他剩餘的蛋。這種情形雖不常見，但若發生，最先產下的蛋往往會在孵化期未滿就破殼。

孵蛋

在產蛋前，你就必須決定要人工孵育或讓雌蛇親自孵育蛇蛋。如果雌蛇是個好媽媽加上環境合宜，自然孵育並沒有問題。雌蛇需要在適當的溫度和濕度下獨處不受干擾：華氏 88 至 89 度 （攝氏 31.1 至 31.7 度） 與接近 100% 的濕度。

好媽媽球蟒會蜷曲在蛇蛋周圍直至孵化。雌蛇會依據蛇蛋的溫度調整蜷曲的力道。這段期間務必要供給雌蛇乾淨的飲用水源。將水盆放在雌蛇可輕易取得的地方會是非常貼心的舉動。雌球蟒曾被觀察到離開蛇蛋喝水，喝飽了才重回工作崗位。雄蛇若原本與雌蛇共處一室，則此時應該要被移至單獨的飼育箱。被允許親自孵蛋的雌蛇在這段期間內將不會進食，

且比起人工孵育，自然孵育的雌蛇需要更長的時間才能恢復體重。

如果要使用孵蛋器，在產蛋前的一或兩週前，就應先設定並確認機器狀況穩定。並將其放置於家中或機構中溫度最恆定的空間內。市面上有許多不同機種的孵蛋器。請事先調查好哪一台最符合你的預算以及欲孵化的蛇蛋數目。

請勿將孵蛋器的溫度控制探針放在孵蛋盒中。孵蛋盒中的溫度會在蛇蛋接近孵化時上升——有時上升好幾度。 如果探針在孵蛋盒中，溫度變化將被偵測到，導致孵蛋器溫度過低。

孵蛋盒（The Egg Container）

將孵蛋盒保持平衡放入孵蛋器（incubator）中。這樣可以讓孵蛋盒的內容物達到適當的溫度，同時利於調整其大小以配合孵蛋器空間。孵蛋盒應配有方便觀察蛇蛋孵育的蓋子。

孵蛋盒裡面需要鋪上底材（通常稱為孵化介質）安放蛇蛋。孵育球蟒蛋可以選用珍珠石，或者混合使用珍珠石與蛭石。以上兩者皆可在園藝用品店購入。若你決定使用珍珠石與蛭石的混合底材，請確認蛭石內無其他可能導致蛇蛋發霉的添加物。同時使用兩者時，可將珍珠石與蛭石以 1：2 的體積比例混合。將水加入混合物中使蛇蛋保持適當濕度。切勿讓混合物過度潮濕，若太濕可能會導致蛇蛋發霉並腐敗。水和混合物一開始可以先使用 1：5 的體積比例，再慢慢依據居住地的氣候做調整。如果混合底材的濕度掌握得宜，球蟒蛋通常會在孵化前的兩週左右

未雨綢繆

在產蛋前，請事先確認你的孵蛋器已設置妥當
且狀況穩定。並請將孵蛋器放置於屋內溫度最恆定的房間中。

開始皺縮。若混合底材過
乾，蛇蛋在孵化的過程當中
會提早開始皺縮。為混合底
材加水時不一定非得要將蛋
移開，只要小心將水從蛋的周
圍加入底材中即可。混合底材是非常
重要的，因為其不僅支撐蛇蛋，也是維
持蛇蛋存活以及孵化過程中適當濕度的
不二功臣。

球蟒的蛇蛋尺寸差異甚大；平
均約為鵝蛋的大小。

移動蛇蛋

　　要想從雌蛇身邊拿走蛇蛋可不是一件簡單的事。雌蛇通常會非常
保護蛇蛋。有些雌蛇會相當激烈地防衛自身與蛇蛋。在從雌蛇身邊移動
蛇蛋之前，務必確認雌蛇已完成全部生產過程。當你判斷雌蛇已產下所
有的蛇蛋時，請準備一個容器或枕頭套以便在移動蛇蛋後安置雌蛇。有
些人可能會在雌蛇身上蓋一條毛巾，幫助牠恢復平靜。

圖為一顆發霉並流出液體的蛇
蛋。其他蛇蛋尚未受到影響，請
儘速將壞蛋移出孵蛋器。

你可能需要小心地將雌蛇蜷曲在
蛇蛋周圍的尾巴移開。儘量想辦法讓
雌蛇不要緊緊地依附蛇蛋。當你
成功將雌蛇與蛋分離，請把雌蛇
放入容器或枕頭套中，讓牠在蛇
蛋轉移工作完成前能安全待著。

　　移動蛇蛋時請小心謹慎。通
常蛇蛋會像團塊一樣黏在一起。
切勿摔到蛇蛋，或在移動的過程

中滾動牠們。若蛇蛋形成團塊，請維持原樣將牠們放在孵蛋盒中即可。沒有必要硬將牠們分離。若你覺得有必要將其分離，或者不分離即無法放進孵蛋盒時，請使用牙線慢慢地將蛋與蛋剝離。在雌蛇產蛋後馬上將蛋分離最為容易。此時蛇蛋還未緊緊黏在一起，幾個小時後就很難說了。

關於蛇蛋

受精蛋為白色，大小約合鵝蛋。球蟒蛋和硬殼的鳥蛋不同，而是略有皺褶且具皮革般的觸感。光照下（用雷射筆的小光源照射蛋的側面）可以看見蛋中清晰的靜脈系統與胚胎。球蟒在受精後即開始發育，故當蛇蛋被產下時，胚胎已然是準蛇寶寶了。我建議飼主在將蛇蛋放入孵蛋盒前，應先進行光照檢查。大部分的手電筒皆可使用。光照作業在微暗的房間內效果最佳。可以的話，請將蛇蛋拿到較暗的房間內仔細檢查。內無胚胎的蛇蛋請逕行丟棄。

溫度條件華氏88至89度（華氏31.1至31.7度）下，球蟒蛋大約會在60天左右孵化。

如果你非常幸運趕上雌蛇產蛋，在蛋殼乾燥之前，都還能清楚看見胚胎。

同一顆蛋孵出來的雙胞胎蛇非常罕見。雙胞胎蛇比普通幼蛇的體型還小，可能需要較小型的食物。

有時球蟒可能會產下顏色與尺寸都貌似受精蛋，實際上裡頭卻沒有胚胎的蛇蛋。此即為未受精蛋。這些蛋若被放入孵蛋器中，通常會在兩週內開始皺縮並發霉。相較於受精蛋，這些未受精蛋或發育失敗的卵體型較小，顏色與質感也有異，可立即丟棄。

　　有些蛋可能會有一端未完全鈣化。未完全鈣化的一端會呈金黃色，且蛋可能呈淚珠狀。只要蛋裡面有胚胎存在，這些蛋仍可與其他蛇蛋一起放入孵蛋器。我若發現這樣的蛋，會在擺放時確認未完全鈣化的一端露於底材之外而非之內。幾乎可以篤定地說，從這些蛋裡面孵化的幼蛇，體型都會比同窩的其他幼蛇來得小，因此也會需要餵食較小型的食物。有些蛇蛋的表面會看起來鈣化不均勻，隨著孵育的進程，這些蛋的外表會開始遍布窟窿。不過，只要維持適當的濕度與溫度，基本上對幼蛇的孵化並無影響。

靜觀其變

有時候，一窩蛋中的其中一顆會較慢孵化。如果蛋黃已被吸收殆盡，則應人工取出蛋中的幼蛇。雖原因不明，但有些幼蛇就是想堅守在蛋裡久一點。又或者，幼蛇也可能因為骨骼變形而無法離開蛇蛋。骨骼變形的球蟒寶寶應接受人道安樂死。

請小心地拿起蛇蛋，觀察蛋中的幼蛇，如果你發現蛋黃已經消失，但蛇還不願意出來，那麼請溫柔地將蛇取出。將幼蛇放入飼育箱前，不必刻意把蛇身上的「黏液」洗掉。

偶爾在一兩顆蛋的表面會出現大小不一的棕色斑。這些棕色斑常被稱為「窗」，若之中有面積較大者，你或許有機會一窺蛇在蛋中發育的過程。如果未分離的蛇蛋團塊中有顆蛋開始發霉，也請不用過度擔憂。若黴菌看起來太礙眼，可以用棉棒小心地將其他好蛋邊緣的黴菌擦掉。如果蛇蛋為分開擺放，則可直接丟棄開始發霉皺縮的蛋。表面出現綠色或藍色水印的蛋為死蛋，應移除之。死蛋也會逐漸發臭，故味道是辨別好蛋與壞蛋的有效方法。

溫度與濕度

孵育蛇蛋時，保持恆定的溫度極為重要。照理來說，在產蛋前孵蛋器就已經運轉好幾週了，所以應該不構成問題。孵蛋器的品質也會影響溫度的恆定性。

球蟒蛋最適合的孵育溫度約在華氏 88 至 89 度之間（攝氏 31.1 至 31.7 度），濕度則接近 100%。在此溫度條件下，蛇蛋大約會在 60 天左右孵化。飼主必須勤加為孵蛋盒通氣，以免孵蛋盒中的空氣停滯。

當球蟒蛋的孵育溫度高出理想溫度太多，可能會造成發育中的球蟒骨骼變形。相反地，如果溫度過低，則可能導致發育成型的幼蛇在蛇蛋中死亡。濕度也必須嚴格監控。若蛇蛋在放入孵蛋器中不久後即開始

皺縮，則可能表示孵育底材太乾，此時必須小心添加些許水分。脫水有可能會導致蛇蛋死亡，反之亦然——太過潮濕也可能讓蛇蛋一命嗚呼。請記得在孵蛋盒上標記幼蛇的預產期。當你發現蛇蛋開始皺縮，對照記在孵蛋盒上的日期，將可以幫助你判斷蛇蛋皺縮是否過早。

孵化

　　大約在孵化前的兩週，蛇蛋會開始皺縮。此為正常現象，毋須擔心。隨著孵育的進程發展，水滴也會開始在蛇蛋的頂端凝結。這也是自然現象，毋須憂慮。水氣會凝結是因為孵蛋盒與孵蛋器內部的溫度差。孵蛋盒裡的溫度會因胚胎發育的活動而升高。

　　如果溫度穩健恆定在華氏 89 度 （攝氏 31.7 度），蛇蛋約莫會在 60 天左右開始破殼 （幼蛇造成的蛋殼破裂）。即將孵化的幼蛇會弄出好幾道裂縫，直到選出一個喜歡的洞，並從裡面探出鼻頭。在一天或兩天之

白化球蟒幼蛇。請為每條幼蛇設置單獨的飼養環境以避免餵食問題。

內，同窩的蛇蛋都應該開始出現裂縫。球蟒寶寶會在蛋裡待上至少一天才慢慢爬出來。這段期間請不要打擾牠們。幼蛇們正在吸收發育期間尚未吸收殆盡的殘存蛋黃。吸收蛋黃對幼蛇而言是非常重要的一環，蛋黃可以提供幼蛇在第一次進食前的營養所需。當蛋黃完全被吸收時，與蛇相接的部分，也就是臍帶，將會徹底密封。

照顧幼蛇

　　球蟒幼蛇需被安置在各自獨立的飼育箱中。若無法將牠們分開飼養，將可能造成某些幼蛇拒絕進食。過去也有球蟒幼蛇自相殘殺的罕見案例。幼蛇的飼育箱中，熱點應設置在華氏 80 至 85 度 （攝氏 26.7 至 29.4 度），並放置一水盆。約十天後，牠們會進行第一次蛻皮，在這之後可以給予絨毛鼠，嘗試第一次餵食。如果買得到，你也可以試著用粉紅鼠。有時候，一些頑固的幼蛇會拒絕進食。這時請提供牠們躲藏窩，並準備一些較小型或不同種類的食物。若幾週後所有嘗試皆失敗，則有必要協助幼蛇進食。

　　協助進食並非強迫餵食。請準備幼蛇一般會願意食用且較小型的食物。將安樂死的老鼠輕輕地靠在球蟒舌頭可以碰到的鼻子部分。當球蟒張開嘴巴時，小心地將老鼠的鼻子儘量往蛇的嘴裡放。輕柔地將蛇的上顎關起並將蛇放下。切勿打擾幼蛇。幼蛇通常十之八九會將食物吞下。此時再將蛇拿起，放回飼育箱內。下一次餵食時，先直接給予球蟒

晃動的誘惑

給予球蟒幼蛇冷凍再解凍老鼠時，務必使用鉗子或止血鉗。若只是將解凍老鼠放在飼育箱的底部，有時並不足以引起餵食反應。幼蛇有可能比較喜歡會動的食物！

寶寶一般的食物；若蛇還是不吃，則必須再次協助餵食。通常球蟒幼蛇不需要協助餵食太多次就會開始自己吃飯了。

　　引起球蟒餵食反應的因素不一而足：熱、移動與氣味。在將球蟒的食物轉換為已屠宰或解凍的老鼠時，務必謹記此事。一旦幼蛇顯示了具侵略性的餵食反應，便是將食物轉換為已屠宰老鼠或解凍老鼠的時機。請使用 18 英吋（45.7 公分）的止血鉗來將食物遞給球蟒幼蛇。此時你可能需要「晃動」食物來引起反應。若你使用的是解凍老鼠，應確認老鼠已完全解凍，且溫度夠熱足以引起餵食反應。「夠熱」基本上是指，用手觸摸時，老鼠應該是微溫的，但絕不是燙。通常當解凍老鼠的溫度過低或過高時，球蟒便無法將其辨識為可接受的食物，也就不會出現餵食反應。

第七章

基因與品系

還記得高中生物課是怎麼運用基因算出豌豆的顏色嗎？還是你都在打瞌睡呢？你曾經想過人生當中或許有機會運用這些基因知識嗎？現在是時候清掉記憶裡的蜘蛛網回到十七歲了。基因學或許不是最簡單的科目，但若想要創造出專屬於你獨一無二的球蟒，不略懂皮毛可是行不通呢。

基礎基因學

在開始認識現今市面上各種顏色花紋的球蟒之前，了解一些基礎的基因理論是非常重要的。這些知識將在你規畫自己的育種計畫時派上用場，同時也將保護你不會因為不懂體色與花紋的突變，即所謂品系，是如何產生的而受到不肖業者的剝削。

白化球蟒為單一隱性基因突變。

下列為一些基礎的基因專有名詞。

DNA：去氧核醣核酸。為基因編碼的組成分子。

染色體：生物體內大部分的細胞內皆有細胞核，而細胞核內則有成對的染色體。每個物種體內的染色體數目是固定的。染色體由蛋白質基質與單一長鏈的 DNA 所組成。

基因：經由精子或卵子細胞世世代代相傳的 DNA，每個基因都對應特定的蛋白質，每一個蛋白質會在生化路徑的特定階段作用，並決定個體的表現型。每條染色體上都有不止一個基因。

等位基因：一個基因可能帶有兩種或更多的變化形式。一位點上突變的等位基因，將阻擋或改變一個生化路徑，以產生不同於普通子代的表現型。

基因座（又稱基因位點）：基因在染色體上的位置。可以將其視為基因的巷弄住址。

基因型：一植物或動物的基因組成。單一個體在一個或多個基因座上的等位基因組成。

表現型：動物受到遺傳基因與生活環境影響所表現出來的生理特徵（如瞳孔或鱗片的顏色，當然也包含較不易察覺的特徵，如先天免

疫系統）。

　　雜合子：在特定基因座上持有兩個不同的等位基因。

　　純合子：在特定基因座上持有兩個完全相同的等位基因。

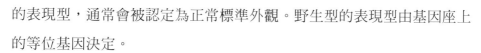

缺黃球蟒擁有干擾黃色色素產生的突變基因。

　　野生型：野外捕捉的個體中最常見的表現型，通常會被認定為正常標準外觀。野生型的表現型由基因座上的等位基因決定。

　　隱性基因：只有在純合子的情況下才能改變表現型的等位基因。若個體為雜合子，則外觀正常。

　　共顯性基因：無論雜合子或純合子的情況下皆會改變外觀的突變等位基因。雜合子的個體外觀看起來既不像純合子，也不像野生型。

　　顯性基因：無論雜合子或純合子的情況下皆會改變外觀的等位基因。擁有該基因的雜合子與純合子兩者外觀無異。

焦糖白化球蟒，亦被稱為T-positive白化或缺黃白化球蟒。

　　雙重雜合子：在兩個基因座上的雜合子。

　　三重雜合子：在三個基因座上的雜合子。

　　旁氏表：用來判斷兩個個體交配後所產生之子代特徵的學習工具。該表格由英國基因學家R.C. Punnett 所發明。

象徵代號

有些形容突變顏色或花紋的名字頗為冗長。例如「薰衣草白化」就有五個字。使用旁氏表時若填入全名極為不便。故在形容突變時常使用縮寫或符號。現今使用的規則與符號部分源自遺傳學家孟德爾。規則如下：

1. 縮寫為獨一無二，由一到四個字母所組成的突變名。例如，a 可以用來表示白化（albino）。因為 a 已被使用，所以可以用 ax 表示缺黃色素。

2. 隱性突變基因一律以小寫表示。同樣地，a 等於白化，為一隱性突變基因。

3. 共顯性或顯性突變基因的第一個字母以大寫表示，其他皆為小寫。例如，Pa 可以用來表示淡彩，其為一種球蟒的共顯性突變。

4. 基因座的符號與該位點上發現的第一個突變基因相同。例如，a 除了可以用來表示白化基因，同時也表示白化的基因座。Pa 亦同時代表淡彩突變基因與淡彩基因座。

5. 在基因座的符號後加上一個加號上標，即可表示野生型或正常等位基因。例如，在 a 基因座上的野生型可以用 a^+ 來表示；在 Pa 基因座上則可以寫成 Pa^+。若熟悉用法，也可以僅用加號來表示野生型。

6. 當基因成對出現時——一條來自父親，一條來自母親——一個基因型中會有兩條等位基因。兩個符號間可以用雙斜線區隔，尤其當基因型較為複雜時。雙斜線雖然實用但並非強迫性。例如，

淡黑品系。與缺黑色素球蟒相似，但黑色素並非完全消失，僅含量降低。

白化個體可以用 aa 或 a//a 表示；雜合子的淡彩球蟒則可用 Pa//Pa⁺ 或 PaPa⁺ 表示。

7. 基因型的左側多為顯性等位基因，而右側多為隱性等位基因。例如，雜合子的白化基因寫成 a⁺a。

8. 請將旁氏表中的符號清楚地標示。

畫出你的旁氏表

旁氏表是可以用來計算理想表現型出現機率的實用工具。理解並善用此表格，將可幫助你判斷如何配種方能產生理想中的後代。旁氏表也能告訴你該購入什麼樣的球蟒以實現繁殖計畫，並且在基因型未知的狀態下提供線索。在大部分的細胞內，染色體會成對出現，並於配子（精子與卵細胞）形成的過程中分開。染色體會各半分配至兩個配子中。

範例一：單一隱性性狀

白化 × 正常型

接下來的範例中，我們將示範配種白化球蟒與正常型球蟒將得到的結果，可寫作白化 × 正常型。白化球蟒標示為 aa（兩條隱性等位基因），正常型球蟒，也就是所謂的野生型，則標示為 a⁺a⁺（兩條正常或顯性等位基因），可寫作 aa×a⁺a⁺。親代一產生的兩種配子寫在旁氏表的上方，親代二產生的兩種配子則寫在側邊。畫表格時，每個等位基因應坐落於對應空格的上方或側邊。

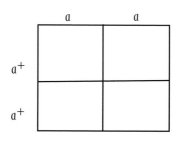

記住，每個性狀都有兩條等位基因。因此白化基因就是 aa。正常型球蟒中，白化基因不存在，僅有野生型基因，標示為 a⁺a⁺。所有條件均設置完成後，表格就差不多大功告成了。表格左方的字母會被放到對應列的空格中；表格上方的字母則會被放到相對欄的空格中。

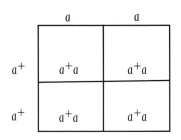

所有子代皆為白化性狀的雜合子。也就是說，牠們的外觀看起來會是正常型球蟒的樣子。隱性突變基因中，雜合子的球蟒將呈現正常的表現型。

範例二：雙隱性基因雜交
雜合子白化 × 雜合子缺黃

本範例中的親代皆為白化（a）與缺黃（ax）兩種隱性基因的雜合子。兩者外觀均正常，但帶有特殊表現型的隱性基因。基因學上，此雜交可標示為 a⁺aax⁺ax×a⁺aax⁺ax。

此旁氏表會類似上一個範例，只是需要更多空格以容納兩種不同基因。

此雜交中，6.25% 的子代為正常型（a⁺a⁺ax⁺ax⁺）、12.5% 為缺黃基因的雜合子（a⁺a⁺ax⁺ax）、12.5% 為白化基因的雜合子（a⁺aax⁺ax⁺）、25% 為缺黃與白化基因的雜合子（a⁺aax⁺ax）、6.25% 為缺黃球蟒（a⁺a⁺axax）、12.5% 為帶有一條白化基因的缺黃球蟒（a⁺aaxax）、6.25% 白化球蟒（aaax⁺ax⁺）、12.5%（aaax⁺ax）為帶有一條缺黃基因

的白化球蟒、6.25% 為缺黃與白化基因的純合子（aaaxax）。另一種解釋方法為：16 隻子代中，有一隻為 $a^+a^+ax^+ax^+$ 正常型，有兩隻為 $a^+a^+ax^+ax$ 缺黃基因的雜合子，有兩隻為 $a^+aax^+ax^+$ 白化基因的雜合子，有四隻為 a^+aax^+ax 缺黃與白化基因的雜合子，有一隻為 a^+a^+axax 缺黃球蟒，有兩隻為 a^+aaxax 帶有一條白化基因的缺黃球蟒，有一隻為 $aaax^+ax^+$ 的白化球蟒，有兩隻為 $aaax^+ax$ 帶有一條缺黃基因的白化球蟒，最後一隻為 aaaxax，即缺黃與白化基因的純合子，又稱為雪白球蟒。

薰衣草白化球蟒。為另一種白化症的型態，不同於白化球蟒與焦糖白化球蟒。

	a^+ax^+	a^+ax	aax^+	aax
a^+ax^+	$a^+a^+ax^+ax^+$	$a^+a^+ax^+ax$	$a^+aax^+ax^+$	a^+aax^+ax
a^+ax	$a^+a^+ax^+ax$	a^+a^+axax	a^+aax^+ax	a^+aaxax
aax^+	$a^+aax^+ax^+$	$a^+aax^+ax^+$	$aaax^+ax^+$	$aaax^+ax^+$
aax	a^+aax^+ax	a^+aaxax	$aaax^+ax$	$aaaxax$

　　這些敘述或許讀來有些乏味，卻是未來配種計劃的重要基礎。上述的表格與文字應該能夠幫助你清楚了解雜交的基本原理，以及如何運

用旁氏表。設計旁氏表切勿偷工減料以免發生
錯誤，尤其是在計算多重基因突變的機率時。

　　若將雜合子的兩條球蟒雜交，將有四分之一的機會得到一條突變
球蟒；若為雙隱性基因（兩種基因）的雜合子雜交，則有十六分之一的
機率得到想要的突變結果；三重隱性基因（三種基因）的雜合子雜交中，
機率則為六十四分之一！以上範例僅適用簡單隱性突變基因，如果牽涉
到顯性或共顯性基因，則機率也有所變動。想迎來配種計畫的成功，了
解基因如何影響結果是不可或缺的。

機率

　　旁氏表顯示的是統計學上的結果平均值，然而現實未必會與這些
數據吻合。旁氏表可作為參考，但不能保證任何結果。舉例來說，將一
條白化球蟒與一條帶有白化基因的雜合子雜交，照理來說子代應該有
50% 的機率為白化球蟒，另外 50% 的機率為白化基因的雜合子。然而，
這些都只是理想比例。現實中同一窩的六顆蛋，可能這次有五顆是白

化球蟒、一顆是雜合子；下一次同一窩的五顆蛋中，卻可能只有一顆是白化球蟒，而其他均為雜合子。其中一窩產生白化球蟒的機率大於預期，另一窩則低於預期。人們時常會搞錯機率的運用方式。在新的一窩球蟒孵化時，請記住，你計算出的是同窩中個別的每顆蛋產生不同結果的機率，而非一整窩。

品系

　　球蟒體色與花紋的突變稱為品系。美國國內許多體色與花紋的突變皆來自非洲。這些突變品系進入美國境內後，部分專精此道的繁殖業者便會收購，並花時間照料直至牠們擁有繁殖能力。目前已有超過三十種品系由非洲引進美國，每年也有機會看到過去未曾亮相的獨特品系。相較於其他爬蟲類，人工飼養的球蟒擁有更多特異體色與花紋的突變。這或許可歸功於每年在非洲大量蒐集與孵化的球蟒數量。

　　通常一個品系在上市之前需要數年不等的時間。繁殖業者為了鑽研新型突變的遺傳而煞費光陰的情形並不罕見。第一個成功人工繁殖的品系可追溯至西元 1992 年五月，成為一切開頭的白化球蟒。

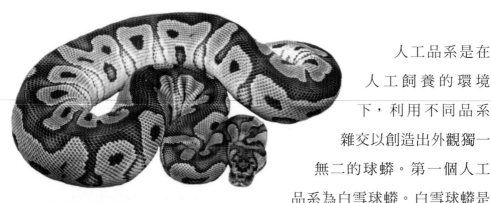

人工品系是在人工飼養的環境下，利用不同品系雜交以創造出外觀獨一無二的球蟒。第一個人工品系為白雪球蟒。白雪球蟒是兩種已建立的突變品系，白化球蟒（缺黑色素）與缺黃球蟒（缺黃色素）

小丑品系也是簡單的隱性基因突變所產生的特殊紋路。

雜交而成。其後代（表現型正常但各帶有一條白化與缺黃的基因）達性成熟會再次與彼此配種。自 2001 年雪白球蟒出現後，已經有超過 75 種的球蟒人工品系誕生，且後勢可待。以現存的大量品系來看，未來可能出現的人工品系數目必定非同凡響。

由於球蟒可能出現的體色與花紋組合不可勝數，基本上不太可能一一詳盡列出。當本書出版時，可能又有多達 30 種以上的新品系。因此，我們僅介紹幾種目前最常見且最受歡迎的品系。

單一隱性基因

白化球蟒（Albino）

白化球蟒理論上來說就是缺黑色素的球蟒。黑色素是負責產生黑色與棕色的色素。白化球蟒的體色為白色與黃色，瞳孔則為紅色。黃色

做足功課

市面上的球蟒種類不一而足。若你有育種計畫，通盤理解品系背後的基因運作甚為重要。這些知識將可幫助你在擬定育種計畫時，做出更聰明的決定。

當白化個體身上出現若干黑色色塊，便可稱作悖論白化。圖為一隻悖論焦糖白化球蟒。

的深淺不定，從淡黃到深芥末黃都有。白化球蟒的花紋正常，該品系中僅有體色改變。有時候，白化球蟒孵化時會帶有隨機的黑色鱗片或出現正常顏色。這種型態的白化球蟒又被稱為悖論白化球蟒。「悖論」被用以形容不同顏色的品系身上偶爾會見到的正常顏色色塊。白化球蟒是第一個人工飼養環境下繁殖成功的球蟒品系。

缺黃球蟒（Axanthic）

　　缺黃指的是「缺黃色素」。典型的缺黃球蟒體色為黑、白及灰色。有些缺黃球蟒也可能帶有棕色色澤，有些則是淺銀色，另一些則是非常深的灰色。缺黃球蟒至少又可分為三個血系，Joliff 血系、VPI 血系與 TSK 血系，此三者並不相容。

　　當不相容的血系交配，品系的特徵將無法呈現，僅會產生各自的雜合子。這是因為各血系控制體色與花紋的等位基因位於不同基因座上而無法配對。其他被帶入美國境內的缺黃球蟒血系也時而可見。目前尚無法確定，是否有

遺傳直線球蟒。直線也可以藉由變動孵育溫度及其他因素而產生。

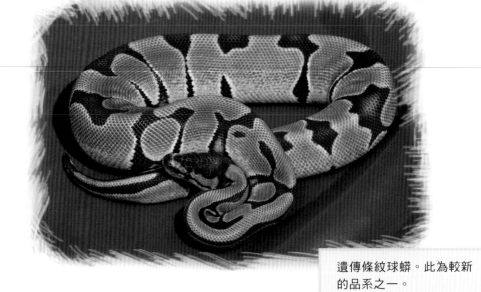

遺傳條紋球蟒。此為較新
的品系之一。

任何新型的缺黃血系與原先三個已確立的血系
相容。悖論缺黃球蟒也曾出現過，牠們身上會有頗為醒目的黃色色塊。
缺黃球蟒的花紋正常，僅有體色變異。

焦糖白化球蟒（Caramel Albino）

　　焦糖白化球蟒又被稱為缺黃白化或 T-positive ──通常寫作
T⁺──白化。酪胺酸酶是合成黑色素所需的一種蛋白質。當缺少酪胺酸
酶時，便會產生 T- 白化或缺黑色素球蟒。當酪胺酸酶少量作用時，則
會產生另一種不同的白化型態，如焦糖白化球蟒。因為該蛋白質少量存
在，故仍允許一部分的黑色素合成並影響 T⁺ 白化球蟒的體色。

　　某些焦糖白化球蟒身上的部分區域會顯現正常的顏色，通常這便
與酪胺酸酶的存在有關。焦糖白化球蟒的體色為金棕色、黃色及橘色，
雙瞳則為紅色。不幸的是，少數焦糖白化球蟒在孵化時脊椎會扭曲變
形。發生原因仍未知。期許未來在篩選繁殖的努力下，脊椎扭曲變形的
案例會逐漸減少。

淡黑球蟒（Hypomelanistic）

淡黑意指黑色素減少。少量的黑色素造成該品系的體色較一般的蛇來得淺。淡黑球蟒的體色飄渺，也被稱為幽靈球蟒。許多淡黑球蟒會呈現特定色澤。這些球蟒會被暱稱為橘色幽靈、黃色幽靈或綠色幽靈。許多淡黑血系球蟒與彼此相容，少部分則否。購買淡黑球蟒時，記得與賣家清楚確認欲購買的球蟒是否與其他淡黑球蟒相容。低黑素色基因在改造新穎清晰的顏色時特別實用。在與其他基因突變結合時，有機會產生一些非常特殊的顏色。

薰衣草白化球蟒（Lavender Albino）

薰衣草白化球蟒是 T+ 白化的其中一種型態。薰衣草白化是這幾年來才進入市場不久的一支新品系。剛孵化時，牠們的體色為亮黃橘色配上淡薰衣草色的記號，而非白色。在絕大多數的幼蛇身上都能看見薰衣草色澤。薰衣草白化球蟒的眼睛為紅寶石般的紅色。隨著年齡增長，牠們的顏色會加深及改變。這些個體會發育成顏色特殊的成體，薰衣草色澤會變得更為深邃奪目，而黃橘色的部分則會變成鮮明的橘色。

淡彩叢林球蟒是一種共顯性突變。如果個體為雜合子，則表現型為淡彩叢林（上圖）；若為純合子，則會變成超級淡彩球蟒（下圖）。

派球蟒（Piebald）

單一隱性基因突變會同時影響體色與花紋。Piebald 過去是用來形容擁有黑白色塊的馬匹，剛好與這款球蟒的外觀不謀而合。派球蟒在爬蟲世界中屬獨一無二。沒有其他爬蟲類擁有純白色與原本正常體色同時出現的組合，且每隻派球蟒的花紋也絕不會重複。派球蟒的白色區塊覆蓋率可以只在腹部佔非常小的一部分，也能高達 95%，並僅在頭部與頸部表現正常體色。正常體色部分的花紋經常是不規則的，常可見到脊椎的兩側帶有雙重條紋。幼蛇身上正常體色的邊緣通常會是亮橘色，而白色部分的覆蓋率則是固定的，不會隨著年齡變化而增加，花紋亦是。有時隨著個體成熟，偶爾會有黑色的鱗片隨機出現在白色區塊。

莫哈維球蟒（上圖）與奶油球蟒（下圖）品系外觀相似，都可以用來培養帶有藍白瞳孔的球蟒。

小丑球蟒（Clown）

小丑球蟒的外觀十分特殊，其體色與花紋都是因應單一隱性基因突變而生。小丑球蟒的頭部有美麗的紋路，其中較深的背景色，會融入由頭骨底部開始延伸至尾巴末端的背脊條紋。有時候，背脊條紋的分支也會延續至蛇體兩側。小丑球蟒的淺色部分是極為美麗的金黃色。許多繁殖業者會特地篩選培養出側邊無紋路的小丑球蟒。該種類又被稱為減紋小丑（reduced-pattern clown）。小丑球蟒隨著年齡增長，深色的部分會逐漸變淺，呈現出兩種不同調性的金黃色澤。

遺傳直線球蟒（Genetic Stripe）

　　歸功於繁殖業者的積極努力，遺傳直線球蟒在西元 2000 年正式上市。遺傳直線可以在背脊上形成一條完整平滑的曲線，甚至出現非連續線段而呈現斑駁的模樣。背脊直線的邊緣通常會是濃密的深棕色，中間則為金色。蛇體的軀幹側邊同樣也是美麗的金棕色。有些遺傳直線球蟒的體側會有朦朧的紋路，通常呈菱形；有些直線球蟒的深色邊緣則非常不明顯，甚至使直線幾近消失。

遺傳條紋球蟒（Genetic Banded）

　　遺傳條紋球蟒長得非常漂亮。牠們的花紋由鑲嵌在纖細黑色線條間的寬版金色條紋所組成。整體花紋散佈平均，蛇體外觀乾淨且體側無多餘的黑色斑點。牠們的鱗片有時甚至會呈現與眾不同的觸感。遺傳條紋球蟒也是近來球蟒界充滿無限可能的生力軍；讓牠們與其他現有特殊體色的品系雜交，或許有機會創造出更令人驚嘆的條紋花樣。

象牙球蟒出生時帶有不少黃色色澤，但隨年齡增長將逐漸淡去。

共顯性與顯性基因

　　單一隱性基因中，雜合子雖帶有該品系的基因，但外觀與正常球蟒沒有差別。共顯性與顯性基因卻不然，帶有該基因的雜合子在外觀上將與正常球蟒不同。這種狀況也被稱為有效雜合子。共顯性基因的狀況下，純合子與雜合子及正常球蟒的外觀皆不同；顯性基因品系中，純合子與雜合子的外觀則相同，需要經由育種試驗才能分辨基因型。目前共顯性與顯性基因的球蟒品系至少有 30 種。

淡彩叢林球蟒（Pastel Jungle）

　　淡彩叢林球蟒是第一個被發現的共顯性基因突變。其外觀與正常球蟒大不相同。淡彩叢林球蟒在一般球蟒呈現金色的部分會變成亮黃橘色，並配上深黑色。有些血系的淡彩球蟒，其深色區塊上會有許多彩度的變化。純合子的淡彩叢林被稱為超級淡彩（super pastel），此類幼蛇的頭部會呈淺薰衣草色，並帶有乾淨的淺黃色花紋。隨著年齡增長，有些超級淡彩會變得非常顯黃，另一些則會偏向橘色調。選擇性育種也創造頂端大幅退色的血系，使外觀呈現「漂白」效果。這些色塊的中央會接近白色，並往邊緣逐步增強彩度。

> 肉桂球蟒品系缺乏黃色，蛇體呈紅棕色。

莫哈維球蟒（Mojave）

莫哈維球蟒擁有非常特殊的花紋，比起正常球蟒，牠們身上有更豐富的紋路。莫哈維也大有非常特殊的綠色基調。莫哈維的體色為白色、深棕色混合黃綠色或亮黃色。若將兩隻莫哈維球蟒配種，生出超級莫哈維或純合子莫哈維的機率

火焰球蟒的體色較正常球蟒來得更加亮眼且偏黃。

為四分之一。超級莫哈維是擁有深灰色頭部及淡藍色眼睛的白蛇。

另外兩種外觀與莫哈維相似的品系為奶油球蟒與輕球蟒（lesser morph）。奶油球蟒與輕球蟒擁有些微不同的顏色基調，且比莫哈維來得淡。牠們的體色為黃色、淡棕色及白色。若以相同品系繁殖，可產生藍眼睛的白蛇。下列配對同樣可產生藍眼白蛇：莫哈維 × 輕球蟒、奶油球蟒 × 莫哈維、輕球蟒 × 奶油球蟒。這些兩個不同品系產生的藍眼白蛇，外觀或許與超級子代相似，但實則不然。如果將超級莫哈維或超級輕球蟒與正常球蟒配種，子代將全部是莫哈維或輕球蟒；但若是非超級子代的藍眼白蛇，例如，將奶油球蟒 × 輕球蟒的子代與正常球蟒配種，則只會產生奶油球蟒或輕球蟒。

象牙球蟒（Ivory）

象牙球蟒的成體十分美麗。牠們擁有淺薰衣草色的頭部，以及從頸部延伸至尾端的淡黃色背脊直線。該直線通常會與薰衣草色的曲線形成邊界。除此之外的蛇體則為白色。象牙球蟒剛孵化時彩度豐富，蛇體

香蕉球蟒的基因尚未完全解密，但可能為一顯性基因突變。

為白色並在頭部呈現特殊花紋，背部則是亮黃色直線。隨著年齡增長，背部區域會有愈來愈多彩色鱗片出現，有橘色、黃色及薰衣草色。當蛇長到兩歲時，顏色大致上已退得差不多，僅餘下背部的黃色直線與頭部的淡薰衣草色花紋。象牙球蟒的雜合子稱為黃腹球蟒（yellow belly）或雜合子象牙球蟒（het ivory）。這些雜合子也有獨特的外觀。常見的為隨機出現的淺黃色鱗片在腹部邊界形成錯落的花紋，其顏色也異於正常球蟒。

肉桂球蟒（Cinnamon）

肉桂球蟒恰與淡彩叢林球蟒相反，牠們幾乎沒有黃色。肉桂球蟒呈紅棕色與深棕色，花紋也不同於正常球蟒。許多肉桂球蟒擁有比正常球蟒更為豐富的花紋。隨著年齡增長，肉桂球蟒會逐漸喪失剛孵化時的紅色調。純合子的肉桂球蟒為極深棕色，近乎黑色。超級肉桂球蟒偶爾會在體幹任一區域出現淺色的斑點。如果將肉桂球蟒與黑淡彩球蟒（與肉桂球蟒相似，但為不同共顯性基因的品系）配種，子代外觀會近似超級肉桂球蟒，呈現黑色或極深棕色。超級黑淡彩球蟒亦呈現幾近黑色的

極深色。如同莫哈維 - 奶油 - 輕球蟒的組合，將黑淡彩 × 肉桂的極深色子代與正常球蟒配種，只會產生黑淡彩及肉桂球蟒。

火焰球蟒（Fire）

火焰球蟒為黑眼純白球蟒（black-eyed leucistic）的雜合子。相較於正常球蟒，火焰球蟒的顏色來得更淡更亮。牠們的頭頂通常呈現帶有亮部的黃色。若將兩隻火焰球蟒配種，會產生黑眼白身的純合子。有時這些球蟒身上也帶有隨機的黃色塊班。而雖然眼睛是黑色的，但牠們的瞳孔卻呈紅色。火焰球蟒被育為多種不同品系，並擺脫了許多既有的顏色與花紋。

香蕉球蟒（Banana）

香蕉球蟒擁有個性十足的外觀。牠們屬於白化的一種型態，卻似乎為一顯性基因突變，而非隱性。當我提筆時，香蕉球蟒尚未被證實為共顯性基因突變。香蕉球蟒的體色為薰衣草色或橘色，並帶有隨機的黑色斑點。牠們的顏色雖近似薰衣草白化球蟒，卻有其缺少的獨特黑色斑點。香蕉球蟒具備培育多色新型球蟒的無窮潛力。

蜘蛛球蟒。蜘蛛球蟒被用來與其他不同品系搭配，創造出許多獨特且美麗的球蟒。

蜘蛛球蟒（Spider）

蜘蛛球蟒的花紋為顯性基因突變。目前並無蜘蛛球蟒純合子的紀錄。蜘蛛球蟒擁有十分獨特的花紋。其黑色與深棕色的部分被簡化為背部及體側的極細線條；底部的白色區域則會與上方的金黃色澤融合，並

通常會繼續延伸至體幹上部；黑色與深棕色區域無白色混雜；而白色覆蓋面積則依個體有所不同。體幹的淺色區域為淡金色或乾淨的黃色。蜘蛛球蟒通常在唇部會有黑色斑點，而頭部則有特殊紋路。該品系受到廣大歡迎，且被用來培育許多新的球蟒品系。

某些蜘蛛球蟒會有搖頭以及無法直線攻擊的問題。優良的繁殖業者將不會販售這些有問題的個體。

細直線球蟒（Pinstripe）

細直線球蟒的體色與花紋為顯性基因突變。細直線球蟒以金黃的體色為背景，用纖細的黑棕色線條創造出多變的紋路。和蜘蛛球蟒以及小丑球蟒不同，細直線球蟒的頭部無花紋，僅呈淡色。細直線球蟒擁有十分獨特且奧妙的紋路，牠們也被用來培育一些顏色新奇的球蟒。目前尚無細直線球蟒純合子的紀錄。細直線球蟒的真實模樣可參考本章開頭的圖片。

砂糖球蟒的白色區塊覆蓋率變化程度極高。

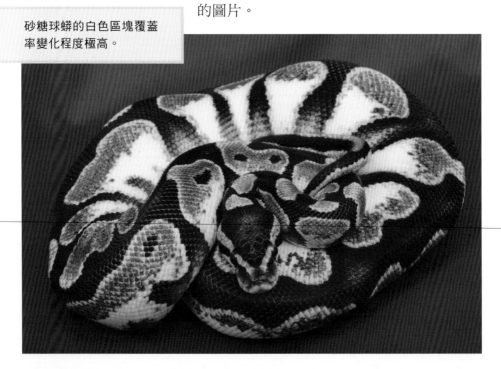

雪白球蟒同時為白化與缺
黃突變的純合子。

砂糖球蟒（Sugar）

　　砂糖球蟒緣起於歐洲，並經由一些繁殖業者引進美國。砂糖球蟒外觀基本上為黑背加上由體側上升的白色區塊。白色區塊覆蓋率依個體有所不同，有些多到目不暇給，有些則普通。砂糖球蟒受到一顯性基因控制，目前尚無純合子的紀錄。印花布球蟒（Calicos）的外型與砂糖球蟒十分相似，但花紋更為隨機。

人工品系球蟒

　　人工品系球蟒是結合兩種以上不同體色與花紋的突變所創造出來，樣貌獨一無二的球蟒。組合的可能性有數百種以上，至今已有數以十計的人工品系球蟒誕生。每年都能見到更為新穎且有趣的球蟒。如早先所言，想像力有多大，可能性就有多大。

　　雙隱性基因較難產生，因為機率只有 16 分之 1。目前僅有少數這類型的人工品系，包括薰衣草白化派球蟒、缺黃小丑球蟒、白化小丑球蟒、淡黑焦糖白化球蟒、白化遺傳直線球蟒及淡黑派球蟒。

同時運用隱性基因與顯性或共顯性基因所創造的性狀則較為容易，其成功機率較高，尤其如果你使用的是隱性基因的純合子。許多嘆為觀止的混種皆是結合隱性基因與共顯性或顯性基因所產生。

淡黑莫哈維球蟒（上圖）結合了淡黑與莫哈維的突變。再進一步就會變成淡黑蜘蛛莫哈維球蟒（下圖）。

使用兩組共顯性基因，或將共顯性基因與顯性基因者配種，是目前培育人工品系球蟒最簡單的方式。因為此時的雜合子皆為有效雜合子，故得到欲求結果的機率將會大幅提升至4分之1，遠高於隱性基因的16分之1。依此方式而創造出的人工品系不下數十。因為機率躍攀，即便使用三種不同的體色花紋，混種仍容易成功。此類混種的結果也經常出乎意料之外，其體色與花紋可能以未知的方式進行融合。

雪白球蟒（Snow）

雪白球蟒是第一個成功誕生的雙隱性基因品系，結合了同為隱性基因所控

將淡彩叢林球蟒與蜘蛛球蟒配種便會得到大黃蜂品系。

制的白化與缺黃性狀。使用 VPI 或 TSK 血系的雪白球蟒，體色會隨年齡而變白。牠們還擁有淡粉色的雙眼，美得極不真實。

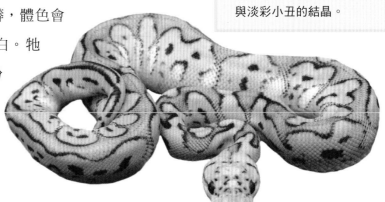

殺手小丑球蟒為淡彩小丑與淡彩小丑的結晶。

淡黑莫哈維球蟒（Hypo Mojave）

此品系為隱性基因與共顯性基因雜交所產生的結晶。淡黑莫哈維結合了莫哈維球蟒雜合子與淡黑球蟒純合子的性狀。淡黑莫哈維球蟒從孵化到成熟會經歷一連串的體色變化。牠們的幼蛇較偏橘色系，而成體則是乾淨的黃綠色、白色與灰色系。如果將淡黑莫哈維與正常球蟒配種，將得到帶有一條淡黑基因的莫哈維球蟒與淡黑球蟒的雜合子。

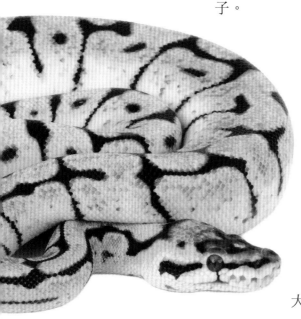

殺手小丑球蟒（Killer Clown）

殺手小丑其實就是超級淡彩小丑。該品系運用了一個隱性基因與一個共顯性基因的性狀。殺手小丑結合了兩個類型最棒的地方：小丑球蟒的無敵花紋與超級淡彩叢林球蟒的迷人顏色。殺手小丑的頭部花紋大幅減少，僅留下一片淺色與零

星斑點。其黃色區塊乾淨明亮，背脊直線為薰衣草色。如果將殺手小丑與正常球蟒配種，將得到帶有一條小丑球蟒基因的淡彩叢林球蟒。

許多不同雜交組合都能產生充滿魅力的殺手風暴品系。

大黃蜂球蟒（Bumblebee）

　　大黃蜂球蟒為一款廣受各方喜愛的魅力球蟒。該品系由蜘蛛球蟒與淡彩叢林球蟒（顯性 × 共顯性）雜交產生。大黃蜂球蟒同時為蜘蛛球蟒與淡彩叢林球蟒的雜合子。其體色為黃、白及深棕色，是身段極為美麗的球蟒。如果將大黃蜂球蟒與正常球蟒配種，則可能產生蜘蛛球蟒、淡彩球蟒、正常球蟒或大黃蜂球蟒。

殺手風暴球蟒（Killer Blast）

　　殺手風暴球蟒即為超級淡彩細直線球蟒 （顯性 × 共顯性）。殺手風暴球蟒可經由雜交檸檬風暴球蟒（淡彩細直線球蟒）與超級淡彩球蟒，或者配種兩隻檸檬風暴球蟒而得。殺手風暴球蟒體色為乾淨明亮的黃色、白色及薰衣草色。其他組合也有可能得到殺手風暴球蟒，但上述為最常見的例子。如果把殺手風暴球蟒與正常球蟒配種，則會產生淡彩叢林球蟒與檸檬風暴球蟒。因為超級淡彩叢林球蟒為純合子，

故子代至少都一定會是淡彩叢林球蟒。若子代身上帶有細直線，則為結合兩種性狀的檸檬風暴球蟒。

將莫哈維與大黃蜂配對便可得到莫哈維蜜蜂球蟒。

莫哈維蜜蜂球蟒（Mojave Bee）

　　莫哈維蜜蜂球蟒即為莫哈維淡彩蜘蛛球蟒（顯性 × 共顯性 × 共顯性）。該品系結合三種性狀，並使用如前所述比起隱性基因更為容易成功的顯性與共顯性基因。此雜交結果令人驚喜，其樣貌比我們原先所預期的更加美麗。莫哈維超脫了大黃蜂，讓黃色變得更明亮，也改變了紋路。莫哈維蜜蜂球蟒可經由雜交莫哈維球蟒與大黃蜂球蟒而得。

黑色直線球蟒近來被證實為隱性基因突變。

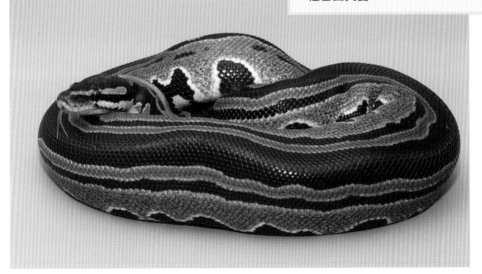

詞彙表

尾側（caudal）：與尾側有關或者靠近尾側。

泄殖腔（cloaca）：位於後腿後側的腹部，為生殖道、腸道以及尿道離開身體的共通開口。泄殖腔確切指的是內部空間，而非開口本身，不過通常皆可混用。

同窩（clutch）：同一隻雌蛇在同一時間產下的蛋。

背側（dorsal）：動物的上半部或者背部區域。

難產（dystocia）：或稱為挾蛋症。指動物在產蛋或生產的過程中發生困難。

外寄生蟲（ectoparasite）：任何在宿主皮膚上發現的寄生生物，以吸食宿主的血液維生。例如：蟎與蜱。

外溫動物（ectotherm）：依賴外在環境調節身體溫度的動物。

挾蛋症（egg-binding）：意指難產。 指動物在產蛋或生產的過程中發生困難。

卵齒（egg-tooth）：長在新生爬蟲吻部一個小而類似牙齒的構造，主要用來敲破蛋殼。孵化後不久會自然掉落。

內寄生蟲（endoparasite）：任何寄生在宿主體內的寄生生物。例如：條蟲。

懷孕（gravid）：動物體內帶有發育中的卵，無論受精與否。

幼蛇（hatchling）：剛孵化不久的爬蟲幼畜，通常泛指六個月以下的個體，但非絕對。

半陰莖（hemipenes）：雄蛇的交配器官，因為成對而得名，每隻雄蛇會有兩條半陰莖。

兩爬（herp）：兩棲類與爬蟲類。

兩爬照護家（herpetoculturist）：研究兩爬的人工飼養環境與照顧方法的人。

兩爬專家（herpetologist）：專精動物學中兩棲類與爬蟲類的專家。

兩爬學（herpetology）：動物學中由兩棲類與爬蟲類為主體的分支。

阻塞（impaction）：消化道被堵塞的情況，以飼育箱底材最為常見。

茄考生氏器（Jacobson's organ）：又稱為鋤鼻器。位於蛇的口腔頂部的感受受器，可偵測接觸到蛇信的化學物質（氣味）。

幼年蛇（juvenile）：尚未性成熟的年輕蛇體。

唇窩（labial pits）：球蟒嘴唇上方的小凹洞，對熱敏感，可幫助蛇在黑暗中感應溫血獵物。

品系（morph）：與正常個體或野生型相異的外觀特徵。以球蟒為例，大多數品系擁有不同體色與花紋的基因，繁殖業者利用此原理雜交出更多樣化且不存在自然界的球蟒外型（稱為人工品系）。

新生仔畜（neonate）：剛孵化的蛇寶寶。

產蛋（oviposition）：下蛋的過程。

沙門氏菌（*Salmonella*）：自然存在於大多數爬蟲類腸道的一個細菌屬。人類若接觸到高濃度的沙門氏菌，尤其是免疫力不足的個體，即可能出現非常嚴重的症狀。通常也被用來指稱沙門氏菌症。

沙門氏菌症（salmonellosis）：因沙門氏菌所引起的腸道病症。

泄殖腔棘（spur）：位於排泄孔兩側的小型突出，雄蛇在交配時會派上用場。

體溫調節（thermoregulation）：將體溫調整到適當溫度。球蟒為外溫動物，體溫調節需要依賴環境中的熱源與冷源。

排泄孔（vent）：泄殖腔對外開口，排出代謝廢物，雄蛇也會在交配時由此伸出半陰莖。外觀為尾巴底部的一個小隙縫。

腹側（ventral）：肚子的底部，通常可以在此發現排泄孔。

鋤鼻器（vomeronasal）：又稱為茄考生氏器。位於蛇口腔頂部的感受受器，可偵測接觸到蛇信的化學物質（氣味）。

人畜共通傳染病（zoonosis）：可在人類與動物間相互傳播的疾病。例如：沙門氏菌症。

参考出處

Barker, Dave G. and Tracy M. *Pythons of theWorld, Volume II: Ball Pythons*. Gardena:VPI Library, 2006.

Broghammer, Stefan. *Ball Pythons Habitat, Care and Breeding*.Trossingen: M&S Reptilien Verlag, 2001.

Carmichael, Rob. Maternal Incubation of the Ball *Python Python regius*. *BallPython.Snakes.Net*. http://ballpython.snakes.net/robcarmichael/maternal.htm （9 Nov 2004）

Clark, Bob. Python Color and Pattern Morphs. *Reptiles*. March 1996, pp. 56-67.

de Vosjoli, Philippe; Klingenberg, Roger; Barker, Dave and Tracy. *The Ball Python Manual*. Singapore: Advanced Vivarium Systems, 1995.

Sutherland, Colette. Genetically Speaking. *The Snake Keeper*. http://ballpython.com/page.php?topic=genetically （3 Nov 2004）

Joan Balzarini: 56, 63

R. D. Bartlett: 28

Ryan M. Bolton (courtesy of Shutterstock): 1

Allen Both: 24

Matthew Campbell: 34

P. Donovan: 36

Five Spots (courtesy of Shutterstock): 12, 122 and back cover

Isabelle Francais: 15, 18, 22, 27, 31, 32, 40, 42, 45, 48, 50, 61, 66, 69, 72, 76 (bottom)

Dr. Steve Gorzula: 8

R. L. Hambley (courtesy of Shutterstock): 12

V. T. Jirousek: 6

G. and C. Merker: front cover

Susan Miller: 26

Anita Paterson Peppers (courtesy of Shutterstock): 19

Jorden A. Perrett: 10, 16, 20, 21, 41, 44, 53, 57 (top), 76 (top), 78, 80, 82, 85 (bottom), 86, 91, 94, 103 (bottom), 104, 105 (bottom), 106 (top), 107, 111, 114 (top), 117 (bottom)

Tim Rice: 89

Mark Smith: 49

Audrey Snider-Bell (courtesy of Shutterstock): 54, 114-115,

Dan Sutherland: 3, 14, 20, 46, 57 (bottom), 59, 64, 68, 70, 73, 74, 79, 81, 85 (top), 87, 92, 95, 96, 99, 100, 102, 103 (top), 105 (top), 106 (top), 108, 109, 110, 112, 113, 114 (bottom), 115 (top), 116, 117 (top), 127

Karl H. Switak: 4, 9, 121

John C. Tyson: 33, 37

Maleta M. Walls: 30

TFH Archives: 38

國家圖書館出版品預行編目資料

球蟒：飼養環境、餵食、繁殖、健康照護一本通！/
柯蕾特 . 蘇瑟蘭（Colette Sutherland）著；Monica
Chen 譯 . -- 初版 . -- 臺中市：晨星，2020.03
面； 公分 . --（寵物館；93）

譯自：Complete herp care ball pythons

ISBN 978-986-443-961-4（平裝）

1. 蛇 2. 寵物飼養

388.796 108021529

掃瞄 QRcode，
填寫線上回函！

寵物館 93

球蟒：
飼養環境、餵食、繁殖、健康照護一本通！

作者	柯蕾特 ・ 蘇瑟蘭（Colette Sutherland）
譯者	Monica Chen
編輯	林珮祺
美術設計	陳柔含
封面設計	言忍巾貞工作室
創辦人	陳銘民
發行所	晨星出版有限公司 407 台中市西屯區工業 30 路 1 號 1 樓 TEL：04-23595820 FAX：04-23550581 行政院新聞局局版台業字第 2500 號
法律顧問	陳思成律師
初版	西元 2020 年 3 月 15 日
總經銷	知己圖書股份有限公司 106 台北市大安區辛亥路一段 30 號 9 樓 TEL：02-23672044 / 23672047 FAX：02-23635741 407 台中市西屯區工業 30 路 1 號 1 樓 TEL：04-23595819 FAX：04-23595493 E-mail：service@morningstar.com.tw 網路書店 http://www.morningstar.com.tw
讀者服務專線	04-23595819#230
郵政劃撥	15060393（知己圖書股份有限公司）
印刷	啟呈印刷股份有限公司

定價380元
ISBN 978-986-443-961-4

Complete Herp Care Ball Pythons
Published by TFH Publications, Inc.
© 2009 TFH Publications, Inc.
All rights reserved